不完全数据下半参数回归模型的统计推断

徐红霞　陈振龙 著

浙江工商大学出版社
ZHEJIANG GONGSHANG UNIVERSITY PRESS
·杭州·

图书在版编目(CIP)数据

不完全数据下半参数回归模型的统计推断 / 徐红霞，陈振龙著. — 杭州 ：浙江工商大学出版社，2020.12

ISBN 978-7-5178-4114-2

Ⅰ. ①不… Ⅱ. ①徐… ②陈… Ⅲ. ①半参数模型－统计推断 Ⅳ. ①O211.3

中国版本图书馆 CIP 数据核字(2020)第 176792 号

不完全数据下半参数回归模型的统计推断

BUWANQUAN SHUJU XIA BANCANSHU HUIGUI MOXING DE TONGJI TUIDUAN

徐红霞　陈振龙 著

责任编辑　吴岳婷
责任校对　沈黎鹏
封面设计　浙信文化
责任印制　包建辉
出版发行　浙江工商大学出版社
(杭州市教工路 198 号　邮政编码 310012)
(E-mail:zjgsupress@163.com)
(网址:http://www.zjgsupress.com)
电话:0571-88904980,88831806(传真)
排　　版　杭州朝曦图文设计有限公司
印　　刷　广东虎彩云印刷有限公司绍兴分公司
开　　本　710mm×1000mm　1/16
印　　张　8
字　　数　151 千
版 印 次　2020 年 12 月第 1 版　2020 年 12 月第 1 次印刷
书　　号　ISBN 978-7-5178-4114-2
定　　价　42.00 元

本书出版得到

浙江省自然科学基金项目(LY21G010003)

国家自然科学基金项目(11971432)

国家一流专业建设点(浙江工商大学应用统计学)

国家一流课程(浙江工商大学概率论)

浙江省重点高校优势特色学科(浙江工商大学统计学)

浙江省 2011 协同创新中心(统计数据工程技术与应用协同创新中心)

联合资助

前　言

回归分析是对数据进行统计建模的一种重要手段，是处理多个变量间相互联系的一种统计方法，在工业、农业、气象、经济管理以及医药等领域都得到广泛的应用。近年来，非参数与半参数模型的研究是统计学和计量经济学的研究热点。由于参数回归模型形式固定，难以精确拟合各种复杂的曲线，在实际应用中存在模型的设定误差。为了减少参数回归的模型误差，统计学家提出了一个假设更宽松自由的模型—非参数回归模型。其回归模型的形式可以任意，对响应变量和协变量的分布也很少限制，因而具有较大的应用性和稳健性。当协变量的维数增加时，多元非参数回归估计的精度快速下降，这种现象被称之为“维数灾祸”。为了克服“维数祸根”，统计学家提出了既具有降维效果又能保留非参数光滑优点的介于参数回归模型与非参数回归模型之间的半参数回归模型，使得它们在需要大量额外信息的参数模型与灵活但推断精度不高的非参数模型之间取得了某种平衡，而且避免了多元非参数回归中所谓的“维数祸根”问题。因此，它们更具有一般性且应用性更广。在众多的半参数模型中，部分线性模型、部分线性测量误差模型以及变系数模型得到了人们的广泛关注。

分位数，也称分位点，是指将一个随机变量的概率分布范围分为几个等份的数值点，常用的有中位数(即二分位数)、四分位数、百分位数等。分位数回归是回归分析的方法之一，最早由 Koenker 和 Bassett 于 1978 年提出，它也是计量经济学的研究前沿方向之一，其利用解释变量的多个分位数(例如四分位、十分位、百分位等)来得到被解释变量的条件分布的相应的分位数方程。相对于传统的回归分析,分位数回归研究自变量与因变量的条件分位数之间的关系,相应得到的回归模型可由自变量估计因变量的条件分位数。和传统的回归分析仅能得到因变量的中央趋势相比,分位数回归不仅能够捕捉到分布的尾部特征,而且能够得到所有分位数下的特征,因此,分位数回归挖掘的信息更加丰富,不仅能够更精确的描述自变量对因变量的变化范围,还能够更加全面的刻画分布的特征,从而得到更全面的分析。

在生存分析、医药追踪试验、可靠性与寿命试验等许多实际问题中,经常会遇到不完全数据。比如一些被抽样的个体不愿意提供所需要的信息,一些不可控的因素产生信息损失,不完全数据给数据的使用和分析带来了很大困难,也是造成信息系统不确定的主要原因之一。如何有效的利用这些不完全数据信息进行统计推断具有重要的实际意义。经典的统计方法与理论大都建立在完全数据分析的基础上,然而在实践中,常常因为各种原因一些数据不能获得,在这种情况下,标准的统计方法不能直接应用到这些不完全数据的统计分析中,一个简单直接的方法是排除那些不完全数据,只对有完全数据的个体进行分析,这就是所谓的完全数据(CC)分析。然而,这一方法在大多数情形下都有严重的偏差,故对这些不完全数据的统计性质进行讨论具有重要的实际意义。半参数回归模型在完全数据下的统计性质已经发展得较为完善,而在不完全数据下的统计分析还是一个历史不长、有待进一步发展的领域。

本书对部分线性模型、部分线性测量误差模型以及变系数模型的估计以及检验方法做了深入的研究,并针对这些模型在左截断数据、缺失数据、测量误差数据等不完全数据情形下的推断问题做了针对性研究,得到了一些具有理论意义和应用价值的结果。统计的生命力在于应用,故本书的每一章,都有一定的模拟研究和实例研究,用于展示所介绍的理论来源于社会生活。在当今大数据时代,我们如何去获得数据并利用所得数据得出相应的结论？这需要我们掌握基本的统计理论与方法，具备基本的收集、整理和分析数据的能力，具有一定的统计素养已经成为人的素养的重要组成部分。

本书的主要内容与结构安排如下：

第1章主要对本书所涉及的几类半参数回归模型以及几类不完全数据的概念及相关研究进行了介绍。第2章主要介绍缺失数据下带不等式约束的反应变量均值的假设检验。当反应变量是随机缺失时，利用纠偏加权的方法进行插值，构造反应变量均值的带不等式约束条件的纠偏的经验对数似然比检验统计量，在一定的条件下，给出检验统计量的渐近分布，这些结果可用来构造拒绝域。书中的模拟研究用来评估所提方法在有限样本下的表现。模拟结果表明，有辅助信息的检验统计量比没有使用辅助信息的检验统计量更加有效。

第3章介绍缺失数据下的部分线性测量误差模型的非参数检验问题。为了克服测量误差带来的偏倚，借助二次条件矩方法，书中提出了两个纠偏的检验统计量，获得了检验统计量的极限零分布以及检验的 p 值。通过比较 p 值，可以发现提出的两个检验统计量有类似的理论性质。同时，书中提出的检验可以以局部光滑方法中的最优速度识别出备择假设。本章最后通过模拟研究来演示提出的检验方法的表现，并将提出的方法应用到ACTG 175数据研究中。

第4章，在反应变量是随机左截断数据下，介绍部分线性分位数回归模型的估计和变量选择问题。首先，基于截断变量分布函数的乘积限估计所确定的权重，对模型中的参数和非参数部分提出了一个三阶段估计过程。结果表明：第二阶段和第三阶段所得到的估计量比第一阶段的初始估计量更有效。其次，为了获得回归参数的稀疏估计，书中结合SCAD惩罚方法给出了部分线性分位数回归模型的变量选择过程。本章模拟研究是用来评估提出的估计量及变量选择方法在有限样本下的表现。

第5章，在随机截断数据下，介绍了变系数模型的分位数估计和检验。

首先，为了处理截断数据，我们引入了随机权并构造了非参数函数的加权分位数估计量，获得了加权分位数估计量的渐近性质。其次，为了改进估计的有效性，我们进一步提出了非参数函数的加权复合分位数估计量，建立了加权复合分位数估计量的渐近性质。然后，为了检验变系数分位数回归模型中的非参数函数是否是某一个具体的函数形式，我们提出了一个新的基于 Bootstrap 的检验方法。最后通过模拟研究和实例来验证书中提出的估计和检验方法。

本书所介绍的这些内容仅就某些不完全数据的某个方面做了研究，列出研究成果的同时，也对相应问题的研究现状做了一些介绍，以便读者对此类问题的发展状况有所了解。本书可作为高校应用统计、数理统计等专业研究生及相关科研工作者的参考用书。

在本书完成之际，我要衷心感谢给本书提出修改意见的人，感谢大家为本书的出版付出努力。本书的编写和出版得到了浙江省自然科学基金项目(LY21G010003)、国家自然科学基金项目(11971432)、国家一流专业建设点(浙江工商大学应用统计学)、国家一流课程(浙江工商大学概率论)、浙江省 2011 协同创新中心(统计数据工程技术与应用协同创新中心)及浙江省重点高校优势特色学科(浙江工商大学统计学)等项目的资助。本书能顺利出版还得到了浙江工商大学出版社和浙江工商大学统计学学科的大力支持，浙江工商大学出版社的领导和广大编辑给予了许多帮助，尤其要感谢责任编辑吴岳婷的周到安排和细致校正。

由于作者水平有限，疏漏不足在所难免，恳请同行及广大读者批评指正。

作　者

2019 年 12 月 20 日

目　　录

第一章　半参数回归模型及不完全数据概述 …… 1
1.1　若干半参数模型概述 …… 1
1.2　不完全数据概述 …… 6

第二章　缺失数据下带不等式约束的反应变量均值的假设检验 …… 11
2.1　经验对数似然比函数 …… 11
2.2　主要结果 …… 14
2.3　模拟研究 …… 18
2.4　结论 …… 24
2.5　主要结果的证明 …… 25

第三章　缺失数据下部分线性测量误差模型的假设检验 …… 35
3.1　检验过程 …… 36
3.2　模拟研究和实例 …… 40
3.3　主要结果的证明 …… 46

第四章　随机截断数据下部分线性模型的分位数回归和变量选择 …… 57

4.1　方法与主要结果 …… 57

4.2　模拟研究 …… 63

4.3　结论 …… 70

4.4　主要结果的证明 …… 70

第五章　随机截断数据下变系数模型加权分位数回归和检验 …… 80

5.1　方法和主要结果 …… 80

5.2　模拟研究和实例 …… 87

5.3　主要结果的证明 …… 98

参考文献 …… 105

符号说明

$a.s.$ 几乎必然

$\xrightarrow{d}$依分布收敛

$\xrightarrow{p}$依概率收敛

$a_n = O(b_n)$，$a_n \leqslant C \cdot b_n$，$C$ 表示某一个正的常数

$a_n = o(b_n)$，$\lim\limits_{n \to \infty} a_n / b_n = 0$

$v \wedge t, v \vee t$ $v \wedge t = \min(v,t)$，$v \vee t = \max(v,t)$

对任意分布 $F, a_F := \inf\{x : F(x) > 0\}$

对任意分布 $F, b_F := \sup\{x : F(x) < 1\}$

$A^{\otimes 2} = AA^{T}$

$\xi_n = O_p(\eta_n)$，对 $\forall \zeta > 0$，存在 M 和 n_0，当 $n \geqslant n_0$ 时，有 $P\{|\xi_n| \geqslant M|\eta_n|\} < \zeta$

$\xi_n = o_p(\eta_n)$，对 $\forall \zeta > 0$，当 $n \to \infty$ 时，有 $P\{|\xi_n| \geqslant \zeta|\eta_n|\} \to 0$

第一章　半参数回归模型及不完全数据概述

1.1　若干半参数模型概述

参数回归模型是一类可以通过结构化表达式和参数集表示的模型。与参数回归模型相对的是非参数回归模型，该模型扩展了参数回归模型的应用范围，其局限性是，当解释变量较多时，容易出现所谓的“维数灾难”，比如方差的急剧增大。介于参数回归模型与非参数回归模型之间的就是半参数回归模型。半参数回归模型含有参数部分和非参数部分，既保持了参数模型的可解释性，又具有非参数模型的变通性。有关半参数模型的理论进展和应用见 Ruppert(2003)的著作，本书研究的半参数回归模型包括：

(1) 部分线性模型

$$Y=X^{\mathrm{T}}\beta+g(T)+\varepsilon, \tag{1.1.1}$$

其中 Y 是反应变量，X 是 p 维协变量，β 是一个未知的 p 维的参数向量，$T\in\mathbf{R}$ 是解释变量，$g(\cdot)$是定义在 $\mathbf{R}$ 上的未知的光滑函数，ε 是模型误差。

(2) 部分线性测量误差模型

$$\begin{cases}Y=X^{\mathrm{T}}\beta+g(T)+\varepsilon,\\ W=X+\eta\end{cases} \tag{1.1.2}$$

其中协变量 X 有测量误差，我们仅能观察到它的替代变量 W，η 是均值为 0 的测量误差，独立同分布且与(X,T,ε)独立。

(3) 变系数模型

$$Y=\alpha_0(U)+X^{\mathrm{T}}\alpha(U)+\varepsilon, \tag{1.1.3}$$

其中 $\alpha_0(U)$和 $\alpha(U)=(\alpha_1(U),\cdots,\alpha_p(U))^{\mathrm{T}}$ 是变量 U 的未知函数。

由样本到总体的推断称之为统计推断。英国统计学家 R. A. 费希尔认为常用的统计推断包括：抽样分布、参数估计、假设检验。其中假设检验是由 K. Pearson 于 20 世纪初提出的，之后由费希尔进行细化，最终由 Neyman 和 E. Pearson 给出了较完整的假设检验理论。假设检验是用来判断样本与样本、样本与总体的差异是由抽样误差引起还是本质差别造成的一种统计推断方法，其原理是先对总体某项或某几项作出假设，然后根据样本对假设作出接受或拒绝的判断。

在生存分析、医学统计、民意调查、可靠性与寿命试验等许多实际问题中，经常会遇到不完全数据，主要包括数据缺失、数据截断、数据删失等。如何科学地利用这些不完全的数据进行正确的统计推断，挖掘更多有用的信息，是统计学的一个重要的研究方向。

本书主要研究不完全数据中的缺失数据和左截断数据。缺失数据在临床试验、社会调查研究等领域中是非常常见且是不可避免的，例如临床试验中受试者因缺乏疗效提前退出试验而造成数据缺失；再比如社会调查研究中由于机器的损坏、调查员信息录入失误、一些抽样的单位不愿意提供需要的信息、投资者不能成功搜集到正确的信息、有限的财政预算使得只有一部分数据可观测等原因造成数据缺失。即缺失数据是现有数据集中某个或某些属性的值是不完全的。最初在含有缺失数据的数据分析中，缺失机制的作用在很大程度上被忽略。数据缺失机制描述的是缺失数据与数据集中变量值之间的关系，其概念最早是由 Rubin 在 1976 年提出。不完全数据的缺失机制对于处理数据是非常重要的，因为缺失机制描述了数据之间的似然函数关系，这就导致缺失数据的处理方法强烈依赖于这些机制。Little 和 Rubin(1987)根据缺失数据产生的机制和原因，把缺失数据分成三类:完全随机缺失(missing completely at random,MCAR),指的是数据的缺失是完全随机的,不依赖于任何不完全变量或完全变量,如家庭地址缺失、测量设备出故障导致某些值缺失;在实际问题中满足这种假设的数据比较少,故这是一种很强的假定;随机缺失(missing at random,MAR),数据的缺失不是完全随机的,即该类数据的缺失依赖于其他完全变量,如财务数据缺失情况与企业的大小有关;这是统计分析中常见的一种假设;非随机缺失(missing not at random,MNAR),指的是数据的缺失与不完全变量自身的取值有关,如高收入人群不愿意提供家庭收入,这种缺失机制下研究问题相对要复杂一些。近年来,也有许多学者对研究随机场的概率、分析和几何性质产生了极大兴趣。随机场广泛应用于各种科学领域的随机模型中,如图像处理、地质统计学和空间统计学中,陈和肖(2019)研究一类在空间中具有各向异性的随机场,得到了一些新结果,这些结果对研究样本函数的粗糙程度和分形性质也是十分有用的,本文所涉及的缺失数据主要是随机缺失情形。从数据缺失的位置来分,可分为反应变量缺失和协变量缺失。本书涉及的是反应变量缺失。数据缺失在许多领域中都是一个很复杂的问题,对数据分析来说,缺失值的存在会造成诸多影响。比如使得系统损失了大量的有用信息;系统中所表现的不确定性更加显著;系统中蕴含的确定性成分更难把握,等等。如果对这些缺失数据不采取任何补救措施,将会严重影响统计方法的分析效率。

截止到目前,已经有许多统计学家研究反应变量缺失时的统计推断理论。例如,Wang 和 Rao(2002)在反应变量缺失时基于调整的经验似然方法研究线性模型的反应变量的均值问题。Qin 等人(2008)在反应变量缺失时基于分数线性回归插补方法构造边缘参数的置信区间。Tang 和 Qin(2012)在反应变量缺失时探索估计方程的使用并得出了有效的统计推断理论。Zhao 等人(2013)基于不可忽略的反应变量缺失,讨论均值函数的经验似然推断。另外,Zou 等人(2015)和 Chown(2016)研究了数据缺失情形下的估计问题;Sun 等人(2009),Xu 和 Zhu(2013),Cotos 等人(2016)研究了数据缺失情形下的假设检验问题。在第二章中，假定反应变量 Y 是随机缺失的(MAR)。若 Y 缺失，则令 $\delta=0$；反之令 $\delta=1$。随机缺失的假设意味着：在给定 X 和 T 的条件下，δ 和 Y 是条件独立的，即

$$P(\delta=1|X,T,Y)=P(\delta=1|X,T):=\Delta(X,T),$$

其中 $\Delta(X,T)$ 称为选择概率函数。

经验似然方法最早是由 Owen(1988)在完全样本下提出的一种非参数统计推断方法，研究独立同分布样本的均值向量。随后 Owen(1990,1991)利用该方法构造置信区间并将其应用到线性回归模型的统计推断。Qin 和 Lawless(1994)把经验似然和估计方程联系起来，探索关于参数联合信息的方法，并得出参数的经验似然估计与参数似然估计有类似的性质。王启华(2004)在介绍经验似然方法的基础上，进一步介绍了该方法在总体均值推断、线性模型推断、分位数推断、估计方程推断等几种统计推断中的应用，还介绍了该方法在不完全数据中的应用。经验似然方法有类似于构造置信区间的 Bootstrap(参见 Hall(1992))的抽样特性，和经典的或现代的一些统计方法相比有很多优点(参见 Hall(1990))，比如：利用经验似然方法构造置信区间有域保持性、变换不变性、置信域的形状可由数据自行决定、Bartlett 纠偏性以及无须构造轴统计量等优点。值得一提的是，大多数应用经验似然方法研究均值的假设检验，讨论的是一个单点的假设检验，参见 Xue(2009)和 Zhao 等人(2013)。然而，在很多情况下，均值有许多不规则的信息。例如，若均值落在一个区间，此时需要检验均值是否在边界上。尽管经典的正态逼近方法已经很成熟，但是当区间信息很难合并成均值的估计时这似乎不太适用。当感兴趣的参数满足不等式集时，ElBarmi(1996)引入经验似然比方法讨论相应的假设检验问题，该方法可应用到单边的假设检验，但是无法检验双边假设和复合假设。近年来，Chen 和 Shi(2011)基于经验似然比方法，检验包括双边情况的受各种不等式约束的总体均值的假设检验问题，并且证明了在完全数据情况下，经验似然比检验统计量的极限分布是一个加权的卡方分布。然而，在反应变量随机缺失情

况下，受各种不等式约束的均值的假设检验问题还没有人研究过。因此，本书第二章，见 Xu 等人(2017)，将在这一框架，同时假设含有辅助信息情况下来研究这一系列的假设检验问题。

测量误差数据广泛存在于经济学、医学、工程学等各个领域，例如，血压、尿氯化钠水平和接触污染物的测量都会产生测量误差数据。对这些带有测量误差的数据进行分析时，如果忽略了测量误差，最后得到的结果往往是有偏甚至是不相合的估计。为此，人们须用相应的测量误差模型来处理实际问题。比如 Fuller(1981)，Carroll 等人(1995)，Liang 等人(1999)，Wang(1999)，You 等人(2006)，Fan 等人(2016)，Feng 和 Xue(2014)，Fan 等人(2013)以及 De 和 Lewbel(2016)。然而，以上提到的这些测量误差模型的文献主要讨论估计问题。Sun 等人(2015)在协变量有测量误差且已知一些辅助信息的条件下，研究了部分线性模型的模型检验问题。Xu 等人(2012)在反应变量随机缺失时，基于拟合优度检验方法，探讨了部分线性模型中的非参数部分是否是一个参数函数的检验问题。据我们所知，还没有文献涉及反应变量缺失时测量误差模型中非参数部分的假设检验问题。部分线性回归模型最早由 Engle 等人(1986)在研究用电量和气候变化的关系时提出，该模型可降低参数模型误判的风险，同时也能避免非参数模型的缺点。一般地，部分线性模型的形式见式(1.1.1)。因此，基于模型(1.1.2)，本书第三章，见 Xu 等人(2017)，将考虑缺失数据下的部分线性测量误差模型的非参数检验问题。为了克服测量误差带来的偏差，借助二次条件矩方法，我们提出了两个纠偏的检验统计量，获得了检验统计量的极限零分布以及检验的 p 值。通过比较 p 值，我们发现提出的两个检验统计量有类似的理论性质。同时，我们提出的检验可以以局部光滑方法中的最优速度识别出备择假设。最后通过模拟研究来演示提出的检验方法的表现，并将提出的方法应用到 ACTG 175 的数据研究中。

1.2 不完全数据概述

在工程界和生物医学界，人们很早就在研究各种各样的与寿命、存活时间或者失效时间有关的寿命数据的统计分析方法。左截断数据就是一类特殊的寿命数据类型。其定义为一些动物个体并非在初始时间(出生或孵化)而是在某个时间(年龄)延滞之后才进入调查取样范围而收集到的一类寿命数据。比如在临床试验中，由于输血错误导致病人获得艾滋病；病人从输血到发病这段潜伏期的数据无法获得，于是潜伏期的数据就被左截断了。再比如 Klein 和 Moeschberger(2003)调查退休社区老年居民死亡时间，过早死亡的人被排除在研究之外，只有那些活得足够长进入退休社区的人的数据可以获得，此时，寿命被容许进入退休社区的年龄左截断了。还有王江峰等人(2015)关于左截断数据给出的例子，假如想了解过去住过医院里的心脏发病人出院后在家里采取某种治疗方法的存活时间，设开始研究的时间为心脏病发作时间，只有那些幸存度过住院那段时间的病人才能列入研究，而那些死于医院的病人无法进行研究，因为观察不到任何数据，这样观察的数据就是左截断数据。

左截断数据最初出现在天文学、经济学等领域，见 Woodroofe(1985)。然后扩展到流行病学、人口统计学、可靠性测试和精算等领域。对左截断数据模型，已经有很多文献涉及。例如，在原始样本独立的情形下，Gürler 等人(1993)获得了分位数函数的 Bahadur 类型的表示形式及其渐近正态性。Ould-Saïd 和 Lemdani(2006)将这个结果推广到观察样本为混合的情形，构造了回归函数的非参数核估计量，并获得了估计量的一致强相合性以及渐近性质。Liang 和 Uńa-Álvarezz(2012)在相依假设下，基于经验似然方法，构造了条件分位数的置信区间。特别地，当观察样本是平稳 α 混合序列时，经验似然比渐近服从自由度为 1 的卡方分布。此外，他们还对条件分位数进行了检验，获得了检验统计量的渐近功效。Liang 和 Liu(2013)对左截断右删失模型，基于条件分布函数的广义乘积限估计量，构造条件密度函数的核估计量。在观察样本为平稳 α 混合序列下，建立了估计量的渐近正态性。王江峰等人(2015)在左截断数据下，利用局部多项式方法，研究了误差具有异方差结构的非参数回归模型，构造了回归函数的复合分位数回归估计，并得到了该估计的渐近正态性结果。Liang 和 Baek(2016)对左截断模型，基于局部多项式光滑化的思想，构造了条件密度函数的 N-W 型估计量和局部线性估计量，在观察样本是平稳 α 混合序列下，获得了提出的估计量的渐近正态性。Guessoum 和 Hamrani(2017)在相依数据情形下，研究了回归函数的核估计，在实的紧集上获得了估计量的一致强相合性。

分位数回归是给定协变量 X，估计响应变量 Y 条件分位数的一个基本方法。该方法不仅可以度量协变量在分布中心的影响，还可以度量在分布上尾和下尾的影响，与最小二乘方法相比，具有独特的优势。分位数回归模型最早由 Koenker 和 Bassett(1978)提出，该模型可在选定的分位点的集合中对协变量的影响给出一个更全面的评价。众所周知，分位数回归已被广泛地应用到许多领域，比如异方差的识别、环境模型、金融和经济研究、生存分析和医学参考图，有关分位数应用的综合概述见 Yu 等人(2003)。自从 Koenker(1978)引入分位数方法以来，分位数回归已经成为估计条件分位数的一个强大的工具。分位数本身可在无矩条件下定义，与以前仅仅绘制条件均值相比，通过绘制若干个条件分位数，可对数据有更深的理解。由于 $\mathcal{R}$ 软件中有许多分位数回归的统计软件包已被广泛使用，因此，分位数回归的计算也容易处理，这些都是分位数回归方法被广泛使用的潜在原因。

分位数回归的统计推断已激发了许多学者的研究兴趣。例如，Yu 和 Jones(1998)基于核加权讨论了非参数回归的分位数估计；Honda(2004)研究了变系数分位数回归模型的系数估计问题；Neocleous 和 Portnoy(2009)

考虑了右删失生存数据下部分线性模型的分位数估计;Kai 等人(2010)提出一个新的非参数回归技术,称之为局部复合分位数光滑方法,来改进局部多项式回归,并且给出了估计量的大样本性质;Lv 等人(2014,2015)研究了单指标模型和部分线性单指标模型的分位数回归;Andriyana 和 Gijbels(2017)在误差是异方差结构下研究了变系数模型的分位数回归问题,给出条件分位数函数以及异方差函数的估计,同时用模拟研究进行验证;Kim(2017)研究了变系数模型的条件分位数,借助多项式样条,提出了条件分位数的估计量,获得了估计量的渐近性质;同时还对模型进行了评价,即检验变系数是否是常数,给出了检验统计量的零分布的渐近结果。

然而,以上提到的这些文章都是在完全数据的框架下得到的。在许多领域如可靠性,生存分析,天文学和经济学领域,会经常碰到左截断数据。左截断数据分析已经引起许多研究学者和专家的注意。例如,Woodroofe(1985)基于极大似然方法来估计左截断数据的分布函数;He 和 Yang(1998)对随机截断模型的截断率进行了估计;He 和 Yang(2003)在左截断数据下,对线性回归模型的回归参数进行了估计,构造了一个加权的最小二乘估计量;Ould-Saïd 和 Lemdani(2006)在随机截断数据下,获得了非参数回归函数估计量的渐近性质;Liang 和 Liu(2013)基于条件分布函数的广义乘积限估计量,给出了左截断和右删失模型的条件密度函数的核估计量;Liang 和 Baek(2016)获得了左截断模型的条件密度函数的 N-W 型和局部线性估计量。在左截断右删失数据中,当截断变量服从均匀分布时,左截断右删失数据变成长度偏差右删失数据。马慧娟等人(2015)基于长度偏差右删失数据,提出复合估计方程方法来解决长度偏差右删失数据下的分位数回归问题,用经验过程和随机积分的技巧建立了所提出估计量的一致相合性和弱收敛性。有关左截断的统计推断进一步可参见 Stute 和 Wang(2008),Lemdani 等人(2009),Wang 等人(2013)。据我们所知,目前只有少量文献涉及左截断模型的分位数回归,例如,Zhou(2011)研究了随机左截断数据下线性分位数回归模型,并且在一定的条件下,获得了未知参数估计量的几乎必然收敛性及渐近正态性。但是关于左截断数据下部分线性模型的分位数回归问题的研究将更加复杂但也更具有实用性。受Zhou(2011)的启发,本书第四章,见Xu等人(2019),研究左截断数据下部分线性分位数回归模型的估计,进一步,我们也考虑了模型中的变量选择问题。其内容包括:首先,基于随机数的权重,且权重由分布函数T的乘积限估计量决定,我们提出了三阶段估计方法且建立了参数与非参数的估计量的渐近性质。结果表明,在第二阶段与第三阶段获得的参数与非参数部分的分位数估计量比在第一阶段获得的初始估计量更有效。其次,为了增强可预测性且选出重要的变量,我们提出了一个加权的惩罚估计量。结果表明,在一些常规条件下,我们提出的加权惩罚估计量具有oracle性质。进一步,把我们提出的方法与最小二乘方法(least square,LS),完全样本方法(omniscient)以及naive方法(将截断的样本完全丢弃)进行对比,结果发现完全样本方法表现最好,我们提出的方法优于naive方法,且在有异常值时,我们提出的方法比最小二乘方法更稳健。

Hastie和Tibshirani(1993)提出的变系数模型对回归系数的动态变化具有较强的灵活性和较强的鲁棒性,可以避免维数灾难。因此,人们致力于探索其估计和相关推理问题。Honda(2004)通过估计系数对变系数模型的条件分位数进行了估计;Kim(2007)研究了变系数模型的条件分位数且提出了一种基于多项式样条的估计和评估方法。值得指出的是,当变系数模型中的数据出现截断时,文献中没有分位数回归的结果。另外,用分位数回归方法进行估计时,效率会随分位数取值的变化而波动。为了结合不同分位点的信息,Zou和Yuan(2008)首次提出了综合多处分位数的复合分位数回归方法,并用此方法估计线性回归模型的回归系数。由于该方法比较充分地处理了数据的整体信息,因此该方法可改进分位数估计的有效性。随后有很多学者致力于把复合分位数方法应用到各种模型,比如Kai等人(2010)是把复合分位数方法应用到非参数回归模型;Kai等人(2011)把复合分位数方法应用到半参数变系数部分线性模型;Guo等人(2012)把复合分位数方法应用到误差是异方差结构的变系数模型；Jiang 等人(2013,2016)把复合分位数方法应用到单指标模型。本书第五章，见 Xu 等人(2018,2019)，研究变系数模型在数据截断时的分位数回归理论。为了提高估计的有效性，我们还进一步研究了非参数函数估计的加权复合分位数回归估计方法。此外，与参数估计相比，假设检验在分位数回归中较少受到关注。因此更进一步，我们提出了一个基于 Bootstrap 的检验程序，用来检验变系数分位数回归模型中的非参数函数是否是某一个具体的函数形式。

第二章　缺失数据下带不等式约束的反应变量均值的假设检验

设 $\boldsymbol{X}$ 是一个 d 维的协变量，其分布函数和密度函数分别记为 $F_{\boldsymbol{X}}(\cdot)$ 和 $f_{\boldsymbol{X}}(\cdot)$，$Y$ 是受 $\boldsymbol{X}$ 影响的反应变量，其均值记为 θ。在实际应用中，我们只能获得独立同分布的一组不完全的样本 $\{\boldsymbol{X}_i, Y_i, \delta_i\}$，$i=1,2,\cdots,n$，这里所有的 $\boldsymbol{X}_i$ 是可观测的，Y_i 可能缺失。若 Y_i 缺失，则 $\delta_i=0$；反之 $\delta_i=1$。在这一章中，假定 Y 是随机缺失(MAR)的。随机缺失的含义是在给定 $\boldsymbol{X}$ 的条件下，δ 和 Y 是条件独立的，即

$$P(\delta=1|Y,\boldsymbol{X})=P(\delta=1|\boldsymbol{X}):=p(\boldsymbol{X}), \tag{2.0.1}$$

其中 $p(\boldsymbol{X})$ 是选择概率函数。

$\theta_0,\theta_1,\theta_2\in\mathbf{R}$ 是给定的常数且 $\theta_1<\theta_2$，令 $\Omega_0=\{\theta:\theta=\theta_0\}$，$\Omega_1=\{\theta:\theta\geqslant\theta_0\}$，$\Omega_2=\{\theta:\theta\in\mathbf{R}\}$，$\Omega_3=\{\theta:\theta=\theta_1\}\cup\{\theta:\theta=\theta_2\}$，$\Omega_4=\{\theta:\theta_1\leqslant\theta\leqslant\theta_2\}$。假设 $H_i:\theta\in\Omega_i$，$i=0,\cdots,4$。考虑如下四种假设：

$$H_0:\theta=\theta_0 \text{ vs } H_1-H_0:\theta>\theta_0;$$

$$H_1:\theta\geqslant\theta_0 \text{ vs } H_2-H_1:\theta<\theta_0;$$

$$H_3:\theta=\theta_1 \text{ 或 } \theta=\theta_2 \text{ vs } H_4-H_3:\theta_1<\theta<\theta_2;$$

$$H_4:\theta_1\leqslant\theta\leqslant\theta_2 \text{ vs } H_2-H_4:\theta<\theta_1 \text{ 或 } \theta>\theta_2。$$

2.1　经验对数似然比函数

针对随机缺失机制模型，已有的完全数据的理论和方法无法直接应

用。通常的方法是给每一个缺失的反应变量插补一个值，得到一组完全数据，再用标准的统计方法。借助核回归插补方法，Wang 和 Rao(2002)利用插补方法得到 Y 的完全数据集 $\widetilde{Y}_i$，其中

$$\widetilde{Y}_i=\delta_i Y_i+(1-\delta_i)\hat{m}_b(\boldsymbol{X}_i),i=1,\cdots,n, \tag{2.1.1}$$

其中 $\hat{m}_b(\boldsymbol{x})$ 是 $m(\boldsymbol{x})=E(Y|\boldsymbol{X}=\boldsymbol{x})$ 的截断版本的估计量，即

$$\hat{m}_b(\boldsymbol{x})=\frac{(nh^d)^{-1}\sum_{i=1}^{n}\delta_i Y_i K_h(\boldsymbol{X}_i-\boldsymbol{x})}{\max\{b,(nh^d)^{-1}\sum_{i=1}^{n}\delta_i K_h(\boldsymbol{X}_i-\boldsymbol{x})\}},$$

$K_h(\cdot)=K(\cdot/h)$ 是核函数，$h:=h_n$ 和 $b:=b_n$ 分别是趋于 0 的正的常数序列，称之为窗宽。由于(2.1.1)包含一个插入的非参数估计量 $\hat{m}_b(\boldsymbol{X}_i)$，由此可见 $\widetilde{Y}_i$ 存在偏倚 $\hat{m}_b(\boldsymbol{X}_i)-m(\boldsymbol{X}_i)$。为了减少偏倚，我们使用纠偏加权的插补方法，这种方法可被视为是 Horvitz-Thompson 逆概率加权方法和加权方法的联合，且已被很多学者使用过(见 Robins 等人(1994)，Liang 等人(2004)，Xue(2009))。具体地，使用纠偏加权的 $\hat{Y}_i,i=1,\cdots,n$ 作为 Y 的完全样本，定义如下

$$\hat{Y}_i=\frac{\delta_i Y_i}{\hat{p}(\boldsymbol{X}_i)}+\left(1-\frac{\delta_i}{\hat{p}(\boldsymbol{X}_i)}\right)\hat{m}_b(\boldsymbol{X}_i),$$

其中 $\hat{p}(\boldsymbol{x})=\dfrac{\sum_{i=1}^{n}\delta_i L_a(\boldsymbol{X}_i-\boldsymbol{x})}{\max\left\{1,\sum_{i=1}^{n}L_a(\boldsymbol{X}_i-\boldsymbol{x})\right\}}$ 是 $p(\boldsymbol{x})$ 的估计量，$L_a(\cdot)=L(\cdot/a)$，$L(\cdot)$ 是核函数且 $a:=a_n$ 是窗宽。

根据 Owen(1990)，反应变量 Y 的均值 θ 的一个纠偏加权的经验似然函数定义为

$$\mathcal{L}(\theta)=\sup\left\{\prod_{i=1}^{n}p_i:p_i\geqslant 0,\sum_{i=1}^{n}p_i=1,\sum_{i=1}^{n}p_i(\hat{Y}_i-\theta)=0\right\}。 \tag{2.1.2}$$

借助 Lagrange 乘数法，由于 $p_i=p_i(\theta)=\dfrac{1}{n[1+\lambda(\hat{Y}_i-\theta)]}$，$1\leqslant i\leqslant n$ 时，

(2.1.2)有最大值,其中$\lambda=\lambda(\theta)$是方程$\sum_{i=1}^{n}\frac{\hat{Y}_i-\theta}{1+\lambda(\hat{Y}_i-\theta)}=0$的解。因此,忽略常数项$-n\log n$,我们定义$\theta$的纠偏加权的经验对数似然比函数为

$$l(\theta)=-\sum_{i=1}^{n}\log\{1+\lambda(\theta)(\hat{Y}_i-\theta)\}。$$

在某些情况下,$\boldsymbol{X}$的一些辅助信息是可获得的,即存在$q(q\geqslant 1)$个函数$A_1(\boldsymbol{x}),\cdots,A_q(\boldsymbol{x})$,使得

$$E\{A(\boldsymbol{X})\}=0,\tag{2.1.3}$$

其中$A(\boldsymbol{x})=(A_1(\boldsymbol{x}),\cdots,A_q(\boldsymbol{x}))^{\mathrm{T}}$。例如,若$E(\boldsymbol{X})$的均值已知,取$A(\boldsymbol{x})=\boldsymbol{X}-E(\boldsymbol{X})$,可得式(2.1.3);当$\boldsymbol{X}$是1维随机变量,若$\boldsymbol{X}$的分布关于一个已知的常数$x_0$对称,取$A(\boldsymbol{x})=I(\boldsymbol{X}\geqslant x_0)-\frac{1}{2}$,则式(2.1.3)成立;给定区间$(a,b)$,若已知$P(a<\boldsymbol{X}<b)=p_0$,则可取$A(\boldsymbol{x})=I(a<\boldsymbol{X}<b)-p_0$。为了使用式(2.1.3)中关于$\boldsymbol{X}$的辅助信息,基于(2.1.3),我们提出带辅助信息的θ的纠偏加权的经验似然函数

$$\hat{\mathcal{L}}_{AI}(\theta)=\sup\left\{\prod_{i=1}^{n}\widetilde{p}_i:\widetilde{p}_i\geqslant 0,\sum_{i=1}^{n}\widetilde{p}_i=1,\sum_{i=1}^{n}\widetilde{p}_i\psi_i(\theta)=0\right\},\tag{2.1.4}$$

其中$\psi_i(\theta)=(A(\boldsymbol{X}_i)^{\mathrm{T}},\hat{Y}_i-\theta)^{\mathrm{T}}$。假设初始值在点$\psi_1(\theta),\cdots,\psi_n(\theta)$的凸包里面。借助Lagrange乘数法,(2.1.4)有最大值,其中

$$\widetilde{p}_i=\widetilde{p}_i(\theta)=\frac{1}{n\{1+\eta^{T}\psi_i(\theta)\}},1\leqslant i\leqslant n,\tag{2.1.5}$$

$\eta=(\eta_1,\cdots,\eta_{q+1})^{\mathrm{T}}$是方程

$$\sum_{i=1}^{n}\frac{\psi_i(\theta)}{1+\eta^{T}\psi_i(\theta)}=0\tag{2.1.6}$$

的解。类似地,忽略常数项$-n\log n$,我们定义带辅助信息(2.1.3)的θ的纠偏加权的经验对数似然比函数如下

$$\hat{l}_{AI}(\theta)=-\sum_{i=1}^{n}\log\{1+\eta^{T}(\theta)\psi_i(\theta)\}。$$

2.2 主要结果

令 C 是正的常数，每一次出现可能代表不同的值。记 $g(\boldsymbol{x})=p(\boldsymbol{x})f_X(\boldsymbol{x})$，对任意向量 $\boldsymbol{Z}=(z_1,\cdots,z_d)^{\mathrm{T}}$，$\|\boldsymbol{Z}\|=\sum_{i=1}^{d}|z_i|$。为了获得主要结果，我们需要如下假设，这些假设也被 Xue(2009)使用过。

(C1)当 $r\geqslant\max\{2,d/2\}$，函数 $p(\boldsymbol{x})$ 的 r 阶偏导数，$f_X(\boldsymbol{x})$ 和 $m(\boldsymbol{x})$ 均有界，$\inf f_X p(\boldsymbol{x})>0$。

(C2)$\sup_{\boldsymbol{x}}E(Y^2|\boldsymbol{X}=\boldsymbol{x})<\infty$。

(C3)$\sqrt{n}E[|m(\boldsymbol{X})|I\{p(\boldsymbol{X})<2b\}]\to 0$，$E\{A(X)A^{\mathrm{T}}(X)\}$ 是正定矩阵，其中 b 的定义见 $\hat{m}_b(\boldsymbol{x})$。

(C4)$\sqrt{n}P\{\|\boldsymbol{X}\|>M_n\}\to 0$，其中 $0<M_n\to\infty$。

(C5)$K(\cdot)$是具有紧支撑的有界非负的 r 阶核函数，$r\geqslant\max\{2,d/2\}$。

(C6)$L(\cdot)$是有界的 r 阶核函数，$r\geqslant\max\{2,d/2\}$，且 $c_1I\{\|\boldsymbol{u}\|\leqslant\rho\}\leqslant L(\boldsymbol{u})\leqslant c_2I\{\|\boldsymbol{u}\|\leqslant\rho\}$，常数 $\rho>0$，$c_2\geqslant c_1>0$。

(C7)$nh^{2d}b^4\to\infty$，$nh^{4r}b^{-4}\to 0$，其中 r 是核函数 K 的阶。

(C8)$na^{2d}M_n^{-2d}\to\infty$ 且 $na^{4r}\to 0$，其中 r 是核函数 L 的阶。

2.2.1 反应变量均值的单边假设检验

在这一节，考虑如下两个假设检验问题

$$H_0:\theta=\theta_0 \text{ vs } H_1-H_0:\theta>\theta_0;$$

$$H_1:\theta\geqslant\theta_0 \text{ vs } H_2-H_1:\theta<\theta_0。$$

假设 $H_0:\theta=\theta_0$ vs $H_1-H_0:\theta>\theta_0$ 是检查真实的均值是否在参数空间的边界上，而假设 $H_1:\theta\geqslant\theta_0$ vs $H_2-H_1:\theta<\theta_0$ 是一个经典的单边假设检验

问题。

对检验问题“$H_0:\theta=\theta_0$ vs $H_1-H_0:\theta>\theta_0$”，对应的经验对数似然比检验统计量定义为

$$T_{01}=-2\log\frac{\sup\limits_{\theta\in\Omega_0}\hat{\mathcal{L}}_{AI}(\theta)}{\sup\limits_{\theta\in\Omega_1}\hat{\mathcal{L}}_{AI}(\theta)}=-2\log\frac{\hat{\mathcal{L}}_{AI}(\theta_0)}{\sup\limits_{\theta\geqslant\theta_0}\hat{\mathcal{L}}_{AI}(\theta)}。$$

定理 2.2.1 假定原假设 H_0 和条件(C1)－(C8)成立，则

$$T_{01}\xrightarrow{d}\frac{1}{2}\chi_0^2+\frac{1}{2}\chi_{q+1}^2，当 n\to\infty 时，$$

其中 χ_0^2 是一个在点 1 处概率为 1 的退化随机变量。

根据定理 2.2.1，给定 α，当 $T_{01}\geqslant c_\alpha$，拒绝 H_0，其中 c_α 由 $P(\frac{1}{2}\chi_0^2+\frac{1}{2}\chi_{q+1}^2\geqslant c_\alpha)=\alpha$ 决定。根据定理 2.2.1 的证明，易得 $c_\alpha=\chi^2_{q+1,1-2\alpha}$。

其次，考虑当 θ 在 θ_0 的 $O_p(n^{-1/2})$ 范围内，T_{01} 的功效。下面的定理给出检验统计量 T_{01} 的局部功效。为方便起见，令 $\Gamma=\Gamma_A-\Gamma_B$，$\Gamma_A=E\{\sigma^2(X)/p(X)\}+\mathrm{Var}(m(X))$，$\Gamma_B=E[A(X)(m(X)-\theta)]^{\mathrm{T}}[E\{A(X)A^{\mathrm{T}}(X)\}]^{-1}E[A(X)(m(X)-\theta)]$ 和 $\sigma^2(\boldsymbol{x})=\mathrm{Var}(Y|X=\boldsymbol{x})$。

定理 2.2.2 假设条件(C1)—(C8)成立。如果对某个 $\tau\geqslant0$，真实均值 $\theta^*=\theta_0+\tau n^{-1/2}\Gamma^{1/2}\in\Omega_1$，则经验对数似然比的渐近局部功效为

$$\lim_{n\to\infty}P\{T_{01}>c_\alpha\mid\theta^*\}=\Phi(\tau)(1-F_\chi(c_\alpha))+\int_0^{c_\alpha}\Phi(\tau-(c_\alpha-x)^{1/2})p_\chi(x)\mathrm{d}x,$$

其中 $\Phi(\cdot)$ 是标准正态分布函数，$p_\chi(\cdot)$ 和 $F_\chi(\cdot)$ 分别是 χ_q^2 的概率密度函数和分布函数。显然，渐近局部功效函数是 τ 的一个递增函数。

注 2.2.1 (a)如果没有辅助信息(2.1.3)，则 $\hat{\mathcal{L}}_{AI}(\theta)$ 退化为 $\mathcal{L}(\theta)$，此时 $q=0$ 且定理 2.2.1 成立。同时，T_{01} 的渐近局部功效变成 $\lim\limits_{n\to\infty}P\{T_{01}>c_\alpha|\theta^*\}=\Phi(\tau-c_\alpha^{1/2})$，这比带有辅助信息的 T_{01} 的渐近功效低。实际上，由定理 2.2.2 的证明，可得

$$\begin{aligned}\lim_{n\to\infty}P\{T_{01}>c_\alpha|\theta^*\}&=P\{\chi_q^2+(Z+\tau)^2>c_\alpha,Z+\tau>0\}\\&\geqslant P\{(Z+\tau)^2>c_\alpha,Z+\tau>0\}=\Phi(\tau-c_\alpha^{1/2})。\end{aligned}$$

这表明带辅助信息的检验统计量比没有辅助信息的检验统计量更有效。

(b)当 Y 没有缺失且没有辅助信息时,定理 2.2.1 和定理 2.2.2 在 $q=0$ 时成立且

$$\Gamma=E\{\sigma^2(\boldsymbol{X})\}+\mathrm{Var}\{m(\boldsymbol{X})\}=E\{Y-m(\boldsymbol{X})\}^2+\mathrm{Var}\{m(\boldsymbol{X})\}=\mathrm{Var}(Y),$$

这与 Chen 和 Shi(2011)中的定理 2.1 和定理 2.2 的结果一致。因此,定理 2.2.1 和定理 2.2.2 把 Chen 和 Shi(2011)中的定理 2.1 和定理 2.2 从完全数据推广到带辅助信息且反应变量数据缺失的情况。其次,当关于 X 的辅助信息可获得且 Y 没有缺失,定理 2.2.1 和定理 2.2.2 仍然成立且 $\Gamma_A=\mathrm{Var}(Y)$。

对检验"$H_1:\theta\geqslant\theta_0$ vs $H_2-H_1:\theta<\theta_0$",定义如下的经验对数似然比检验统计量

$$T_{12}=-2\log\frac{\sup\limits_{\theta\in\Omega_1}\hat{\mathcal{L}}_{AI}(\theta)}{\sup\limits_{\theta\in\Omega_2}\hat{\mathcal{L}}_{AI}(\theta)}=-2\log\frac{\sup\limits_{\theta\geqslant\theta_0}\hat{\mathcal{L}}_{AI}(\theta)}{\sup\limits_{\theta\in\mathbf{R}}\hat{\mathcal{L}}_{AI}(\theta)}。$$

在原假设 H_1 成立的条件下,T_{12} 的极限分布依赖真实均值 θ^* 落在 Ω_1 中的位置。T_{12} 在边界点的极限分布被用来确定拒绝域的临界值。进一步,给定水平 α,若 $T_{12}>c_\alpha$,则拒绝原假设 H_1。特别地,有如下结果。

定理 2.2.3 假设条件(C1)—(C8)成立。对任意固定的真实均值 $\theta^*\in\Omega_1$,我们有

$$\lim_{n\to\infty}P\{T_{12}>c_\alpha\mid\theta^*\}=\begin{cases}\alpha,若\ \theta^*=\theta_0;\\0,若\ \theta^*>\theta_0。\end{cases}$$

注 2.2.2 定理 2.2.3 表明 θ_0 是 H_1 的临界点。

类似定理 2.2.2 的证明,我们可获得检验统计量 T_{12} 的局部功效如下。

推论 2.2.1 假设条件(C1)—(C8)成立。对某个 $\tau>0$,若真实均值 $\theta^*=\theta_0-\tau n^{-1/2}\Gamma^{1/2}$,则

$$\lim_{n\to\infty}P\{T_{12}>c_\alpha\mid\theta^*\}=\Phi(\tau)(1-F_\chi(c_\alpha))+\int_0^{c_\alpha}\Phi(\tau-(c_\alpha-x)^{1/2})p_\chi(x)\mathrm{d}x。$$

渐近局部功效函数是 τ 的一个递增函数。对任意固定的 $\theta^* < \theta_0$，$\lim\limits_{n\to\infty} P\{T_{12} > c_\alpha \mid \theta^*\} = 1 - F_\chi(c_\alpha) + \int_0^{c_\alpha} p_\chi(x)\mathrm{d}x = 1$。

2.2.2　反应变量均值的双边假设检验

在这一节，我们研究如下假设检验问题：

$$H_3:\theta=\theta_1 \text{ 或 } \theta=\theta_2 \text{ vs } H_4-H_3:\theta_1<\theta<\theta_2;$$

$$H_4:\theta_1\leqslant\theta\leqslant\theta_2 \text{ vs } H_2-H_4:\theta<\theta_1 \text{ 或 } \theta>\theta_2。$$

$H_3:\theta=\theta_1$ 或 $\theta=\theta_2$ vs $H_4-H_3:\theta_1<\theta<\theta_2$ 是用来检验真实的反应变量均值是否在参数空间的边界上，而 $H_4:\theta_1\leqslant\theta\leqslant\theta_2$ vs $H_2-H_4:\theta<\theta_1$ 或 $\theta>\theta_2$ 是双边假设检验问题。

为了检验"$H_3:\theta=\theta_1$ 或 $\theta=\theta_2$ vs $H_4-H_3:\theta_1<\theta<\theta_2$"，我们提出如下的经验对数似然比检验统计量

$$T_{34}=-2\log\frac{\sup\limits_{\theta\in\Omega_3}\hat{\mathcal{L}}_{AI}(\theta)}{\sup\limits_{\theta\in\Omega_4}\hat{\mathcal{L}}_{AI}(\theta)}=-2\log\frac{\max\{\hat{\mathcal{L}}_{AI}(\theta_1),\hat{\mathcal{L}}_{AI}(\theta_2)\}}{\sup\limits_{\theta_1\leqslant\theta\leqslant\theta_2}\hat{\mathcal{L}}_{AI}(\theta)}。$$

对假设检验"$H_4:\theta_1\leqslant\theta\leqslant\theta_2$ vs $H_2-H_4:\theta<\theta_1$ 或 $\theta>\theta_2$"，我们提出如下的经验对数似然比检验统计量

$$T_{24}=-2\log\frac{\sup\limits_{\theta\in\Omega_4}\hat{\mathcal{L}}_{AI}(\theta)}{\sup\limits_{\theta\in\Omega_2}\hat{\mathcal{L}}_{AI}(\theta)}=-2\log\frac{\sup\limits_{\theta_1\leqslant\theta\leqslant\theta_2}\hat{\mathcal{L}}_{AI}(\theta)}{\sup\limits_{\theta\in\mathbf{R}}\hat{\mathcal{L}}_{AI}(\theta)}。$$

定理 2.2.4　假设原假设 H_3 和条件(C1)—(C8)成立，若 $E\|A(\boldsymbol{X})\|^3<\infty$，$\Gamma_A>0$，$\sup\limits_{x}E(|Y|^3|\boldsymbol{X}=\boldsymbol{x})<\infty$，则

$$T_{34}\xrightarrow{d}\frac{1}{2}\chi_0^2+\frac{1}{2}\chi_{q+1}^2，\text{当 } n\to\infty \text{ 时}。$$

由定理 2.2.4 可得，给定 α，若 $T_{34}\geqslant c_\alpha$，则拒绝 H_3，其中 $c_\alpha=\chi^2_{q+1,1-2\alpha}$。

定理 2.2.5　假设条件(C1)—(C8)成立。对任意固定的真实均值 $\theta^*\in\Omega_4$，有

$$\lim_{n\to\infty} P\{T_{24} > c_\alpha \mid \theta^*\} = \begin{cases} \alpha, \text{若 } \theta^* = \theta_1 \text{ 或 } \theta_2; \\ 0, \text{若 } \theta_1 < \theta^* < \theta_2。\end{cases}$$

定理 2.2.5 表明 θ_1 和 θ_2 是假设 H_4 中的临界点。

对检验统计量 T_{34} 和 T_{24}，类似于推论 2.2.1，可得如下的渐近功效。

推论 2.2.2 假设条件(C1)—(C8)成立。对某个 $\tau>0$，若真实的反应变量均值 $\theta^* = \theta_1 + \tau n^{-1/2}\Gamma^{1/2}$ 或 $\theta^* = \theta_2 - \tau n^{-1/2}\Gamma^{1/2}$，则

$$\lim_{n\to\infty} P\{T_{34} > c_\alpha \mid \theta^*\} = \Phi(\tau)(1 - F_\chi(c_\alpha)) + \int_0^{c_\alpha} \Phi(\tau - (c_\alpha - x)^{1/2}) p_\chi(x)\mathrm{d}x。$$

因此，对任意固定的 $\theta_1 < \theta^* < \theta_2$，$\lim_{n\to\infty} P\{T_{34} > c_\alpha | \theta^*\} = 1$。

另一方面，对某个 $\tau>0$，若真实的反应变量均值 $\theta^* = \theta_1 - \tau n^{-1/2}\Gamma^{1/2}$ 或 $\theta^* = \theta_2 + \tau n^{-1/2}\Gamma^{1/2}$，则

$$\lim_{n\to\infty} P\{T_{24} > c_\alpha \mid \theta^*\} = \Phi(\tau)(1 - F_\chi(c_\alpha)) + \int_0^{c_\alpha} \Phi(\tau - (c_\alpha - x)^{1/2}) p_\chi(x)\mathrm{d}x。$$

因此，对任意固定的 $\theta^* < \theta_1$ 或 $\theta^* > \theta_2$，$\lim_{n\to\infty} P\{T_{24} > c_\alpha | \theta^*\} = 1$。

注：2.2.3 和 2.2.1 的分析类似。本小节内容是把 Chen 和 Shi(2011) 中的定理 2.5—2.6 以及推论 2.7 从完全数据推广到带辅助信息的反应变量缺失的不完全数据情况。

2.3 模拟研究

在这一节，我们利用模拟研究来评价经验似然比检验统计量在有限样本下的表现。

例 1 考虑如下的回归模型

$$Y = 2X + \sqrt{|X|}\varepsilon, \tag{2.3.1}$$

其中 $\varepsilon \sim N(0, 0.4^2)$。变量 X 分别来自正态分布 $N(1,1)$，均匀分布 $U(0,2)$ 和指数分布 $\mathrm{Exp}(1/4)+3/4$。取高斯核 $K(x)=\exp(-x^2/2)/\sqrt{2\pi}$

作为核函数 $K(x)$。$L(x)=\frac{15}{16}(1-x^2)^2 I(|x|\leqslant 1)$是 bi-weight 核函数，其中$I(\cdot)$是示性函数。窗宽 h_{CV} 可通过交叉验证的方法获得，即使得下面的式子取得最小值，

$$\mathrm{CV}(h)=\frac{1}{n}\sum_{i=1}^{n}\{Y_i-\hat{m}_{\tilde{b}}^{[i]}(X_i;h)\}^2,$$

其中$\hat{m}_{\tilde{b}}^{[i]}(\cdot)$是 $m(\cdot)$的估计量，它是由去除第 i 组样本的观测值计算而得，$\tilde{b}=n^{-1/8}$。我们可用同样的方法选择窗宽 a。$p(x)=P(\delta=1|X=x)$是选择概率函数，考虑如下三种随机缺失机制

(1) $p_1(x)=0.8+0.2|x-1|$ 如果$|x-1|\leqslant 1$，反之为 0.95；

(2) $p_2(x)=0.9-0.2|x-1|$ 如果$|x-1|\leqslant 4.5$，反之为 0.1；

(3) $p_3(x)=0.6$ 对所有的 x。

当 $X\sim N(1,1)$，上面三种情况的平均缺失率分别是 9%，26%，40%左右。当 $X\sim U(0,2)$，上面三种情况的平均缺失率分别是 10%，20%，40%左右。当 $X\sim \mathrm{Exp}(1/4)+3/4$，上面三种情况的平均缺失率分别是 5%，25%，40%左右。关于 X 的辅助信息是$E(X)=1$。

首先，在上面三种情况下，研究检验统计量 T_{01} 犯第一类错误的概率。为了评价我们提出的方法，以下把我们提出的方法(记作 our EL)和不带约束条件的检验统计量 T_{02} 对应的方法(记作“naive EL”)，仅用观测到的数据的方法(记作 CDM)，在没有使用辅助信息下，我们提出的方法(记作 no AI)进行比较。对每一个选择概率函数 $p(x)$，考虑三种分布，即 $N(1,1)$，$U(0,2)$，$\mathrm{Exp}(1/4)+3/4$ 且 $\theta_0=2$。给定显著性水平 $\alpha=0.05$，每一个模拟重复 1000 次。约束条件是 $\theta\geqslant 2$。样本容量 n 分别为 100 和 300。模拟结果见表 2-1。进一步，为了展示模型误差的影响，我们给出了检验统计量 T_{01} 在三种不同的模型误差下犯第一类错误的概率。这三种模型误差分别是 $t(2)$，$t(3)$和 $t(5)$。选择概率函数是 $p_2(x)$，$n=300$，$\alpha=0.05$，模拟次数为 1000 次，模拟结果见表 2-2。

其次，我们利用检验统计量的功效来比较我们提出的检验方法、CDM

方法和 no AI 方法。考虑模型(2.3.1),对每一个给定的 τ,$X\sim N(1+\tau,1)$。其他的变量和模型(2.3.1)中的一样。检验 $H_0:\theta=2$ vs $H_1-H_0:\theta>2$,我们取 $\tau=0:0.05:1$;对检验 $H_1:\theta\geqslant 2$ vs $H_2-H_1:\theta<2$,我们取 $\tau=-0.5:0.05:0.3$。图 2-1、图 2-2 分别是 T_{01} 和 T_{12} 在缺失机制 $p_1(x)$ 和 $p_3(x)$ 下的功效曲线,样本容量分别是 $n=100$ 和 200,$\alpha=0.05$,模拟次数为 500 次。

最后,为了展示双边假设检验中 T_{34} 和 T_{24} 在“our EL”,“CDM"和”“no AI”方法下的表现,我们考虑模型:$Y=X+\varepsilon,\varepsilon\sim N(0,1),X\sim N(\tau,1)$。图 2-3 给出了检验统计量 T_{34} 在检验 $H_3:\theta=-0.8$ 或 0.8vs$H_4-H_3:-0.8<\theta<0.8$ 中的功效曲线。图 2-4 给出了检验统计量 T_{24} 在检验 $H_4:-0.5\leqslant\theta\leqslant 0.5$ vs $H_2-H_4:\theta<-0.5$ 或 $\theta>0.5$ 中的功效曲线。图 2-3 和图 2-4 中的缺失机制是 $p_1(x)$ 和 $p_3(x)$,$n=100$ 和 200,$\alpha=0.05$,模拟次数为 500 次。

表 2-1 不同缺失机制下的犯第一类错误的概率,$\alpha=0.05$

	n	$X\sim N(1,1)$		$X\sim U(0,2)$		$X\sim \mathrm{Exp}(1/4)+3/4$	
		100	300	100	300	100	300
$p_1(x)$	our EL	0.051	0.049	0.055	0.046	0.048	0.051
	naive EL	0.057	0.055	0.041	0.056	0.039	0.046
	no AI	0.052	0.046	0.057	0.040	0.053	0.048
	CDM	0.054	0.053	0.056	0.053	0.069	0.061
$p_2(x)$	our EL	0.065	0.052	0.055	0.047	0.044	0.047
	naive EL	0.044	0.056	0.060	0.046	0.058	0.055
	no AI	0.039	0.047	0.042	0.051	0.037	0.038
	CDM	0.057	0.053	0.061	0.051	0.040	0.042
$p_3(x)$	our EL	0.064	0.052	0.076	0.049	0.042	0.056
	naive EL	0.066	0.047	0.035	0.054	0.062	0.058
	no AI	0.053	0.046	0.067	0.052	0.028	0.046
	CDM	0.059	0.055	0.063	0.039	0.038	0.064

表 2-2　犯第一类错误的概率：缺失机制为 $p_2(x)$，$\alpha=0.05$，$n=300$

		$\varepsilon\sim t(2)$	$\varepsilon\sim t(3)$	$\varepsilon\sim t(5)$
$X\sim N(1,1)$	our EL	0.060	0.053	0.052
	no AI	0.065	0.041	0.054
	CDM	0.066	0.059	0.046
$X\sim U(0,2)$	our EL	0.069	0.053	0.051
	no AI	0.078	0.059	0.046
	CDM	0.072	0.053	0.046
$X\sim \mathrm{Exp}(1/4)+3/4$	our EL	0.064	0.060	0.048
	no AI	0.074	0.062	0.053
	CDM	0.072	0.065	0.045

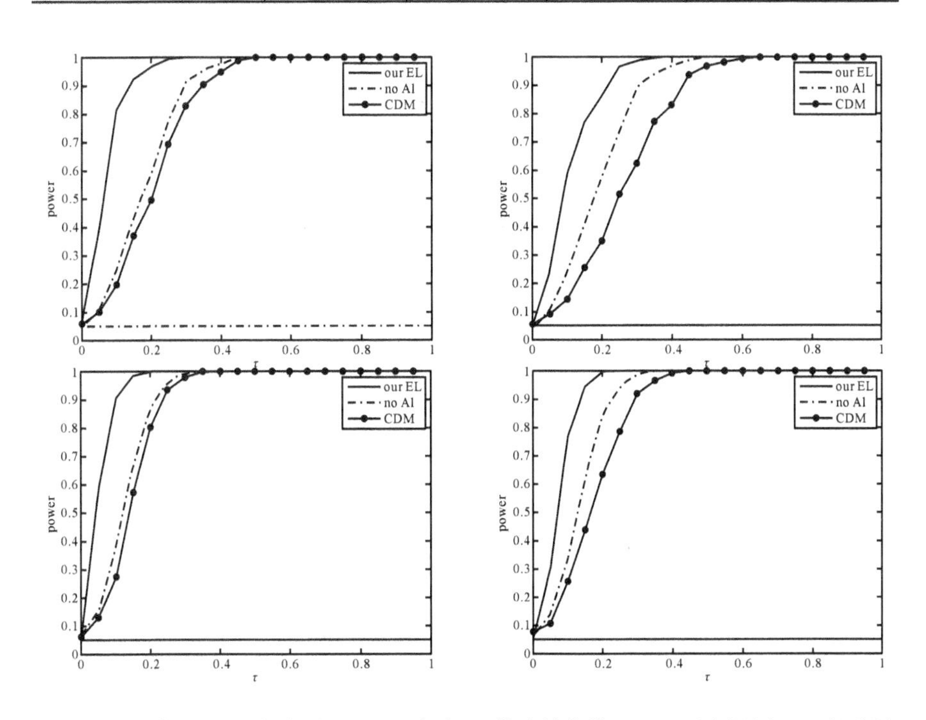

图 2-1　T_{01} 在 $p_1(x)$（左边）和 $p_3(x)$（右边）下的功效曲线，$n=100$（上面）和 200（下面）

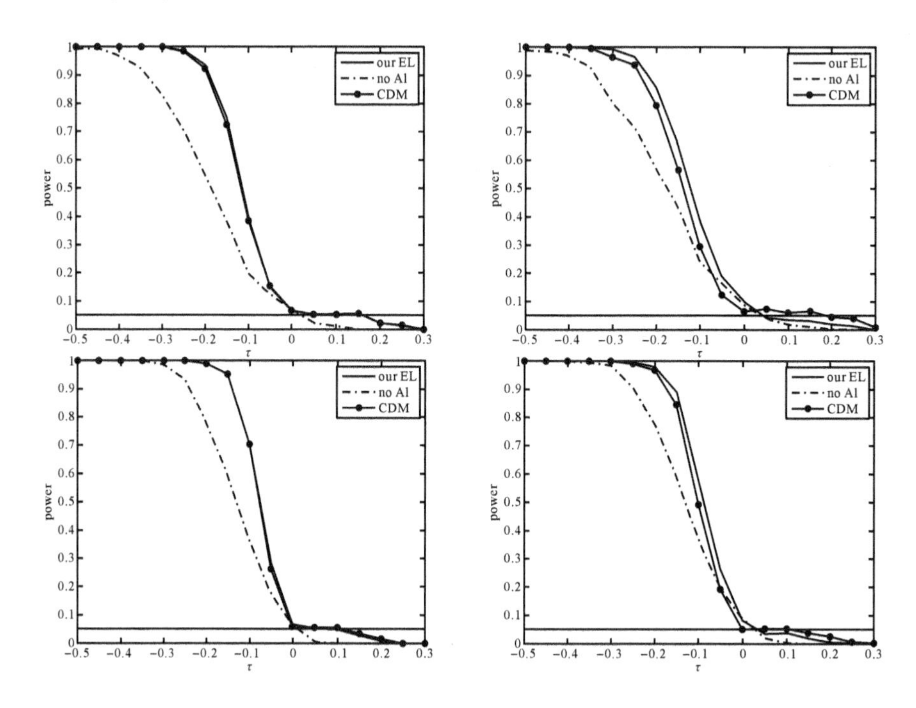

图 2-2　T_{12} 在 $p_1(x)$(左边)和 $p_3(x)$(右边)下的功效曲线,$n=100$(上面)和 200(下面)

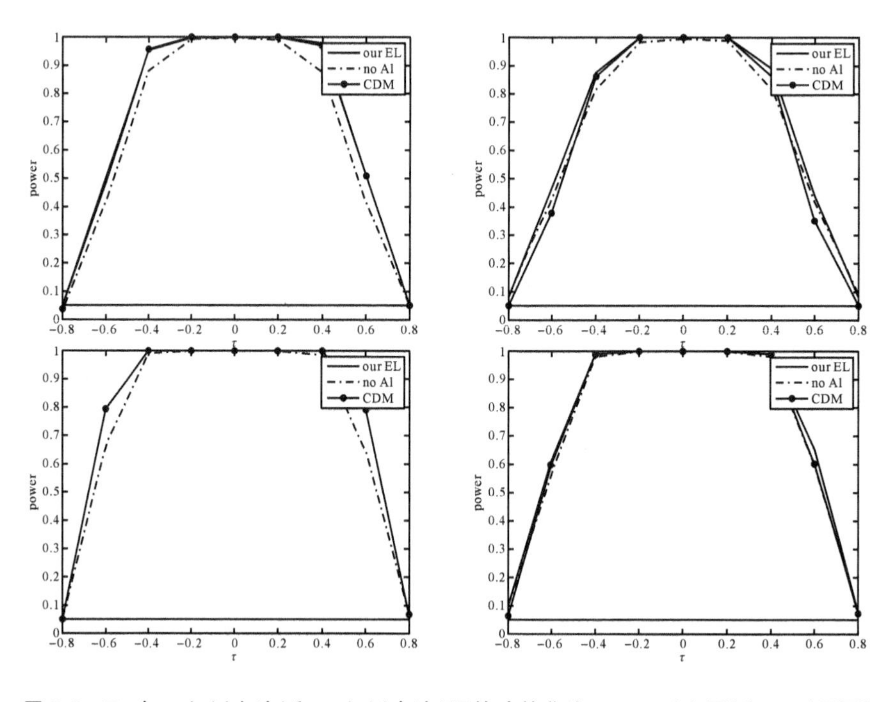

图 2-3　T_{34} 在 $p_1(x)$(左边)和 $p_3(x)$(右边)下的功效曲线,$n=100$(上面)和 200(下面)

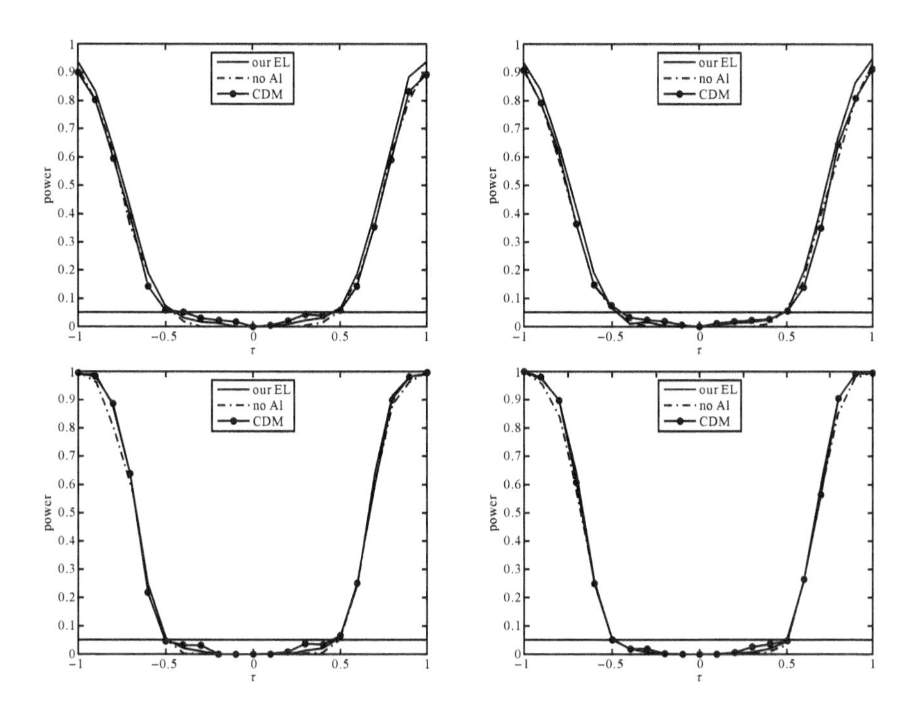

图 2-4　T_{24} 在 $p_1(x)$(左边)和 $p_3(x)$(右边)下的功效曲线，$n=100$(上面)和 200(下面)

从表 2-1—2-2 和图 2-1—2-4，我们可得如下结论：

(1) 表 2-1 表明，在三种缺失机制下，随着样本容量 n 的增加，犯第一类错误的概率收敛到水平 α。而且，我们提出的检验方法优于“naive EL”方法，“CDM”方法和“no AI”方法。原因是我们提出的方法使用了辅助信息，同时融入了纠偏加权的方法和不等式的约束条件。进一步，随着缺失率的增加，我们提出的方法和“no AI”方法优于“CDM”方法。

(2) 当样本容量 n 相同且在相同的水平 α 下，表 2-1 将三种缺失机制进行了对比。$p_1(x)$的平均缺失率最小，对应的表现最好。$p_3(x)$的平均缺失率最大，对应的表现最差。

(3) 在三种模型误差下，检验统计量 T_{01} 的表现很好。而且，在模型误差服从 $t(5)$分布时，和其他两种模型误差相比，检验统计量犯第一类错误的概率更接近水平 α。当模型误差服从 $t(2)$分布时，和其他两种模型误差相比，检验统计量犯第一类错误的概率离 α 更远。原因是在这三种分布 $t(2)$，$t(3)$ 和 $t(5)$ 中，$t(2)$ 分布的尾概率最大，而 $t(5)$ 分布的尾概率最小。

(4) 从图 2-1—2-4 可以看出，在不同的缺失机制 $p(x)$ 下，我们提出的方法比“CMD”和“no AI”方法好。同时，$n=200$ 时的功效比 $n=100$ 时的功效好。

(5) 在模拟中，$\tau=0$ 时的 T_{01} 和 T_{12}，$\tau=\pm 0.8$ 时的 T_{34}，以及 $\tau=\pm 0.5$ 时的 T_{24} 的备择假设都变成原假设，此时功效应该接近于 α。因此错误的拒绝原假设的概率应该接近于 α，这可以从图 2-1—2-4 中看到。

(6) 图 2-1 表示随着 τ 增加，功效快速的增加。图 2-2 表示随着 τ 增加，功效快速的减少。图 2-3 表示当 τ 远离边界时，检验统计量倾向于拒绝原假设。图 2-4 表示 -0.5 和 0.5 是假设 $H_4: -0.5\leqslant\theta\leqslant 0.5$ 的临界点。图 2-1—2-4 表明，在不同的缺失机制下，检验统计量的表现非常稳定。这些显示我们的检验不仅可以以高的功效区分原假设和备择假设，同时对缺失率在一定程度上具有一定的稳健性。

因此，当反应变量缺失时，反应变量均值的上述假设检验问题建议采用我们提出的方法。

2.4 结论

将经验似然方法用于总体均值或反应变量均值已经受到很多人的关注。然而，对带不等式约束条件的总体均值或反应变量均值的假设检验的研究较少。在完全数据下，Chen 和 Shi(2011) 利用经验似然方法研究了带不等式约束条件的总体均值的假设检验。由于在很多情况下会遇到数据缺失，而且关于 X 的辅助信息是可以获得的，在本章中，我们推广和改进了 Chen 和 Shi(2011) 的结果，把它从完全数据推广到带辅助信息的缺失数据。我们考虑了在上述不等式约束的条件下，关于反应变量均值的假设检验。当反应变量是随机缺失时，我们利用纠偏加权的方法进行插补。构造反应均值的带不等式约束条件的纠偏的经验对数似然比检验统计量，在一定的条件下，获得了检验统计量的渐近分布，这些结果可用来构造拒绝域。和 Chen 和 Shi(2011)中的渐近功效相比，我们提出的检验统计量更有效。模拟研究表明，我们提出的方法比“CDM”方法和“no AI”方法好。

2.5　主要结果的证明

为了方便起见，令 Z 是标准正态随机变量，C 是一个正的常数，在不同的地方可以表示不同的值。

引理 2.5.1　经验对数似然比函数$\hat{l}_{AI}(\theta)$是 θ 的上凸函数。

证明　记$\psi'_i(\theta)=(\mathbf{0}_q^{\mathrm{T}},-1)^{\mathrm{T}}$，其中$\mathbf{0}_q$ 是一个 $q\times 1$ 的零向量，“$'$”表示关于 θ 的导数，则

$$\hat{l}'_{AI}(\theta)=-\sum_{i=1}^{n}\frac{\eta'^{\mathrm{T}}(\theta)\psi_i(\theta)+\eta^{\mathrm{T}}(\theta)\psi'_i(\theta)}{1+\eta^{\mathrm{T}}(\theta)\psi_i(\theta)}=-\sum_{i=1}^{n}\frac{\eta'^{\mathrm{T}}(\theta)\psi_i(\theta)-\eta_{q+1}(\theta)}{1+\eta^{\mathrm{T}}(\theta)\psi_i(\theta)}。$$

进一步，由(2.1.5)—(2.1.6)，有

$$\hat{l}'_{AI}(\theta)=\sum_{i=1}^{n}\frac{\eta_{q+1}(\theta)}{1+\eta^{\mathrm{T}}(\theta)\psi_i(\theta)}=\eta_{q+1}(\theta)\sum_{i=1}^{n}n\tilde{p}_i=n\eta_{q+1}(\theta)。$$

对方程(2.1.6)关于 θ 求导，得

$$\sum_{i=1}^{n}\frac{\psi'_i(\theta)-\psi_i(\theta)\eta'^{\mathrm{T}}(\theta)\psi_i(\theta)}{[1+\eta^{\mathrm{T}}(\theta)\psi_i(\theta)]^2}=0。$$

于是，得

$$\left(\mathbf{0}_q^{\mathrm{T}},-\sum_{i=1}^{n}\tilde{p}_i^2\right)^{\mathrm{T}}=\eta'^{\mathrm{T}}(\theta)\sum_{i=1}^{n}\tilde{p}_i^2\psi_i^{\mathrm{T}}(\theta)\psi_i(\theta)$$

$$=\eta'^{\mathrm{T}}(\theta)\sum_{i=1}^{n}\tilde{p}_i^2[A^{\mathrm{T}}(\boldsymbol{X}_i)A(\boldsymbol{X}_i)+(\hat{Y}_i-\theta)^2]。$$

故$\eta'_{q+1}(\theta)<0$，$\hat{l}''_{AI}(\theta)=n\eta'_{q+1}(\theta)<0$，引理 2.5.1 得证。

令 $\Gamma_{AI}=\begin{pmatrix}\Gamma_1 & \Gamma_2\\ \Gamma_2 & \Gamma_A\end{pmatrix}$，$\Gamma_1=E\{A(\boldsymbol{X})A^{\mathrm{T}}(\boldsymbol{X})\}$，$\Gamma_2=E\{A(\boldsymbol{X})(m(\boldsymbol{X})-\theta)\}$，$\Gamma_A=E\{\sigma^2(\boldsymbol{X})/p(\boldsymbol{X})\}+\mathrm{Var}(m(\boldsymbol{X}))$，$\sigma^2(\boldsymbol{x})=\mathrm{Var}(Y|\boldsymbol{X}=\boldsymbol{x})$。

引理 2.5.2 假定条件(C1)—(C8)成立。若 θ 是 Y 的真实均值，则

$$\frac{1}{\sqrt{n}}\sum_{i=1}^{n}\psi_i(\theta)\xrightarrow{d}N(0,\Gamma_{AI})。$$

证明 引理 2.5.2 的证明见 Xue(2009)中定理 2 的证明。

引理 2.5.3 假定条件(C1)—(C8)成立。若 θ 是 Y 的真实均值，则

$$\sqrt{n}(\hat{\theta}_{ME}-\theta)\xrightarrow{d}N(0,\Gamma)\text{且}\hat{\theta}_{ME}=\hat{\theta}_n+O_p(n^{-1/2}),$$

其中 $\hat{\theta}_{ME}=\arg\max_{\theta}\hat{l_{AI}}(\theta)$ 是 θ 的最大经验似然估计量，$\hat{\theta}_n=n^{-1}\sum_{i=1}^{n}\hat{Y}_i$，$\Gamma$ 的定义见定理 2.2.2。

证明：首先，证明 $\sqrt{n}(\hat{\theta}_{ME}-\theta)\xrightarrow{d}N(0,\Gamma)$ 成立。令 $\tilde{\theta}=\hat{\theta}_{ME}$，$\tilde{\eta}=\tilde{\eta}(\hat{\theta}_{ME})=(\tilde{\eta}_1^T,\tilde{\eta}_2)^T$，其中 $\tilde{\eta}_1$ 是一个 q 维的列向量。注意到 $\tilde{\theta}$ 和 $\tilde{\eta}$ 满足如下三个方程

$$Q_{kn}(\theta,\eta)=0,k=1,2,3$$

其中

$$Q_{1n}(\theta,\eta)=n^{-1}\sum_{i=1}^{n}(\hat{Y}_i-\theta)/\{1+\eta^{\mathrm{T}}\psi_i(\theta)\},$$

$$Q_{2n}(\theta,\eta)=n^{-1}\sum_{i=1}^{n}A(\boldsymbol{X}_i)/\{1+\eta^{\mathrm{T}}\psi_i(\theta)\},$$

$$Q_{3n}(\theta,\eta)=n^{-1}\sum_{i=1}^{n}\eta_2/\{1+\eta^{\mathrm{T}}\psi_i(\theta)\}。$$

在 $(\theta,0)$ 点展开 $Q_{kn}(\tilde{\theta},\tilde{\eta})=0,k=1,2,3$，可得

$$0=Q_{kn}(\tilde{\theta},\tilde{\eta})=Q_{kn}(\theta,0)+\frac{\partial Q_{kn}(\theta,0)}{\partial\theta}(\tilde{\theta}-\theta)+\frac{\partial Q_{kn}(\theta,0)}{\partial\eta_1^{\mathrm{T}}}\tilde{\eta}_1+\frac{\partial Q_{kn}(\theta,0)}{\partial\eta_2}\tilde{\eta}_2+o_p(\varepsilon_n),$$

其中 $\varepsilon_n=|\tilde{\theta}-\theta|+\|\tilde{\eta}_1\|+|\tilde{\eta}_2|$。

进一步，由于

$$\begin{pmatrix} \tilde{\eta}_1 \\ \tilde{\eta}_2 \\ \tilde{\theta}-\theta \end{pmatrix} = H_n^{-1} \begin{pmatrix} -Q_{1n}(\theta,0)+o_p(\varepsilon_n) \\ -Q_{2n}(\theta,0)+o_p(\varepsilon_n) \\ o_p(\varepsilon_n) \end{pmatrix}$$

其中

$$H_n = \begin{pmatrix} \frac{\partial Q_{1n}(\theta,\eta)}{\partial \eta_1^{\mathrm{T}}} & \frac{\partial Q_{1n}(\theta,\eta)}{\partial \eta_2} & \frac{\partial Q_{1n}(\theta,\eta)}{\partial \theta} \\ \frac{\partial Q_{2n}(\theta,\eta)}{\partial \eta_1^{\mathrm{T}}} & \frac{\partial Q_{2n}(\theta,\eta)}{\partial \eta_2} & \frac{\partial Q_{2n}(\theta,\eta)}{\partial \theta} \\ \frac{\partial Q_{3n}(\theta,\eta)}{\partial \eta_1^{\mathrm{T}}} & \frac{\partial Q_{3n}(\theta,\eta)}{\partial \eta_2} & \frac{\partial Q_{3n}(\theta,\eta)}{\partial \theta} \end{pmatrix}_{(\theta,\eta)=(\theta,0)}$$

$$= \begin{pmatrix} -\frac{1}{n}\sum_{i=1}^{n}(\hat{Y}_i-\theta)A^{\mathrm{T}}(X_i) & -\frac{1}{n}\sum_{i=1}^{n}(\hat{Y}_i-\theta)^2 & -1 \\ -\frac{1}{n}\sum_{i=1}^{n}A(X_i)A^{\mathrm{T}}(X_i) & -\frac{1}{n}\sum_{i=1}^{n}(\hat{Y}_i-\theta)A(X_i) & 0 \\ \mathbf{0}_{1\times q} & -1 & 0 \end{pmatrix}。$$

由 Xue(2009)中的引理 4,有 $\frac{1}{n}\sum_{i=1}^{n}(\hat{Y}_i-\theta)^2 \xrightarrow{p} \Gamma_A$。运用大数定律,得 $\frac{1}{n}\sum_{i=1}^{n}A(X_i)A^{\mathrm{T}}(X_i) \xrightarrow{p} \Gamma_1$,由 Xue(2009)中的引理 1 和 2,得

$$\begin{aligned} \frac{1}{n}\sum_{i=1}^{n}(\hat{Y}_i-\theta)A(X_i) &= \frac{1}{n}\sum_{i=1}^{n}\left\{\frac{\delta_i}{p(X_i)}(Y_i-m(\boldsymbol{X}_i))A(\boldsymbol{X}_i)\right\} + \\ &\quad \frac{1}{n}\sum_{i=1}^{n}(m(\boldsymbol{X}_i)-\theta)A(\boldsymbol{X}_i)+o_p(1) \\ &\xrightarrow{p} E\{A(\boldsymbol{X})(m(\boldsymbol{X})-\theta)\}=\Gamma_2, \end{aligned}$$

于是

$$H_n \xrightarrow{p} \begin{pmatrix} -\Gamma_2^{\mathrm{T}} & -\Gamma_A & -1 \\ -\Gamma_1 & -\Gamma_2 & 0 \\ 0 & -1 & 0 \end{pmatrix},$$

因此,可得

$$\sqrt{n}(\hat{\theta}_{ME}-\theta)=\sqrt{n}Q_{1n}(\theta,0)-\sqrt{n}\Gamma_2^{\mathrm{T}}\Gamma_1^{-1}Q_{2n}(\theta,0)+o_p(1)$$
$$=(1,-\Gamma_2^{\mathrm{T}}\Gamma_1^{-1})(\sqrt{n}Q_{1n}(\theta,0),\sqrt{n}Q_{2n}(\theta,0))^{\mathrm{T}}+o_p(1)。\quad(2.5.1)$$

由引理 2.5.2 得

$$\begin{pmatrix}\sqrt{n}Q_{1n}(\theta,0)\\ \sqrt{n}Q_{2n}(\theta,0)\end{pmatrix}=\begin{pmatrix}\frac{1}{\sqrt{n}}\sum_{i=1}^{n}(\hat{Y}_i-\theta)\\ \frac{1}{\sqrt{n}}\sum_{i=1}^{n}A(X_i)\end{pmatrix}\xrightarrow{d}N\left(\begin{pmatrix}0\\0\end{pmatrix},\begin{pmatrix}\Gamma_A & \Gamma_2\\ \Gamma_2 & \Gamma_1\end{pmatrix}\right),$$

结合(2.5.1)得$\sqrt{n}(\hat{\theta}_{ME}-\theta)\xrightarrow{d}\mathrm{N}(0,\Gamma)$。

由 Xue(2009)中的引理 3,$\sqrt{n}(\hat{\theta}_n-\theta)\xrightarrow{d}\mathrm{N}(0,\Gamma_A)$,结合$\sqrt{n}(\hat{\theta}_{ME}-\theta)\xrightarrow{d}\mathrm{N}(0,\Gamma)$,得$\hat{\theta}_{ME}=\hat{\theta}_n+O_p(n^{-1/2})$。

引理 2.5.4 假设 θ^* 是 Y 的真实均值。假设原假设和条件(C1)—(C8)成立,若 $E\|A(\boldsymbol{X})\|^3<\infty$,$\sup_{\boldsymbol{x}}E(|Y|^3|\boldsymbol{X}=\boldsymbol{x})<\infty$且 $\Gamma_A>0$,则

$$\frac{\max\{\hat{\mathcal{L}}_{AI}(\theta_1),\hat{\mathcal{L}}_{AI}(\theta_2)\}}{\hat{\mathcal{L}}_{AI}(\theta^*)}\xrightarrow{p}1。$$

证明 仅证明真实均值 θ^* 是 θ_1 的情况。因为真实均值 θ^* 是 θ_2 的证明类似可得。

对任意的θ,记$\hat{l}_E(\theta)=-\log[n^n\hat{\mathcal{L}}_{AI}(\theta)]=\sum_{i=1}^{n}\log\{1+\eta^{\mathrm{T}}(\theta)\psi_i(\theta)\}$,$\bar{\theta}=\theta_1+n^{-1/3}$。

首先,证明 $\eta(\bar{\theta})=O_p(n^{-1/3})$。令 $\eta(\bar{\theta})=\rho u$,其中 $\rho\geqslant0$,$u\in\mathbf{R}^{q+1}$且 $\|u\|=1$,

$$\bar{\psi}(\theta)=\frac{1}{n}\sum_{i=1}^{n}\psi_i(\theta),\psi_m(\theta)=\max_{1\leqslant i\leqslant n}\|\psi_i(\theta)\|,S=\frac{1}{n}\sum_{i=1}^{n}\psi_i(\theta_1)\psi_i^{\mathrm{T}}(\theta_1)。$$

mineig(S)表示 S 的最小的特征值,$\mathbf{0}_q$ 是 $q\times1$ 的零向量。由引理 2.5.2 和(2.1.6),有

$$0=\frac{1}{n}\sum_{i=1}^{n}\frac{u^{\mathrm{T}}\psi_i(\bar{\theta})}{1+\rho u^{\mathrm{T}}\psi_i(\bar{\theta})}=\frac{1}{n}\sum_{i=1}^{n}u^{\mathrm{T}}\psi_i(\bar{\theta})-\rho\frac{1}{n}\sum_{i=1}^{n}\frac{(u^{\mathrm{T}}\psi_i(\bar{\theta}))^2}{1+\rho u^{\mathrm{T}}\psi_i(\bar{\theta})}$$
$$\leqslant u^{\mathrm{T}}\bar{\psi}(\bar{\theta})-\frac{\rho}{1+\rho\psi_m(\bar{\theta})}\frac{1}{n}\sum_{i=1}^{n}(u^{\mathrm{T}}\psi_i(\bar{\theta}))^2$$

$$= u^{\mathrm{T}}[\bar{\psi}(\theta_1) + (0_q^{\mathrm{T}}, n^{-1/3})^{\mathrm{T}}] - \frac{\rho}{1+\rho\psi_m(\bar{\theta})}\frac{1}{n}\sum_{i=1}^{n} u^{\mathrm{T}}[\psi_i(\theta_1) + (0_q^{\mathrm{T}}, n^{-1/3})^{\mathrm{T}}]$$

$$\times [\psi_i^{\mathrm{T}}(\theta_1) + (0_q^{\mathrm{T}}, n^{-1/3})]u$$

$$\leqslant u^{\mathrm{T}}\bar{\psi}(\theta_1) + Cn^{-1/3} - \frac{\rho}{1+\rho\psi_m(\bar{\theta})}\{\mathrm{mineig}(S) + O_p(n^{-1/2})\},$$

于是有

$$\rho[\mathrm{mineig}(S)+O_p(n^{-1/2})-u^{\mathrm{T}}\bar{\psi}(\theta_1)\psi_m(\bar{\theta})-Cn^{-1/3}\psi_m(\bar{\theta})]\leqslant|u^{\mathrm{T}}\bar{\psi}(\theta_1)|$$
$$+Cn^{-1/3}。$$

由 Xue(2009)中的引理 3 可得

$$\psi_{\mathrm{i}}(\theta)=\begin{pmatrix} A(\boldsymbol{X}_{\mathrm{i}}) \\ \frac{\delta_{\mathrm{i}}}{p(\boldsymbol{X}_{\mathrm{i}})}(Y_{\mathrm{i}}-m(\boldsymbol{X}_{\mathrm{i}}))+m(\boldsymbol{X}_{\mathrm{i}})-\theta \end{pmatrix}\{1+o_p(1)\}:=\psi_{\mathrm{i}}^{*}(\theta)\{1+o_p(1)\},$$

注意到$\{\psi_{\mathrm{i}}^{*}(\bar{\theta}), 1\leqslant i\leqslant n\}$是独立同分布的,且

$$E\|A(\boldsymbol{X})\|^3<\infty, \sup_{x} E(|Y|^3|\boldsymbol{X}=\boldsymbol{x})<\infty,$$

于是 $E\|\psi_i^{*}(\bar{\theta})\|^3<\infty$。由 Owen(1990)的引理 3 的证明,可推出

$$\psi_m(\bar{\theta})=\max_{1\leqslant i\leqslant n}\|\psi_i^{*}(\bar{\theta})\{1+o_p(1)\}\|=o_p(n^{1/3})。$$

由$|u^{\mathrm{T}}\bar{\psi}(\theta_1)|=O_p(n^{-1/2})$和引理 2.5.2,可得

$$\rho[\mathrm{mineig}(S)+o_p(1)]=O_p(n^{-1/3})。$$

因为 Γ_{AI} 是一个正定矩阵且 $S\xrightarrow{p}\Gamma_{AI}$, $C+o_p(1)\leqslant\mathrm{mineig}(S)\leqslant C+o_p(1)$。故

$$\rho=O_p(n^{-1/3}), \eta(\bar{\theta})=O_p(n^{-1/3})。$$

由(2.1.6),可得

$$0=\frac{1}{n}\sum_{i=1}^{n}\frac{\psi_i(\bar{\theta})}{1+\eta^{\mathrm{T}}(\bar{\theta})\psi_i(\bar{\theta})}$$

$$=\frac{1}{n}\sum_{i=1}^{n}\psi_i(\bar{\theta})-\frac{1}{n}\sum_{i=1}^{n}\psi_i(\bar{\theta})\psi_i^{\mathrm{T}}(\bar{\theta})\eta(\bar{\theta})+\frac{1}{n}\sum_{i=1}^{n}\frac{\psi_i(\bar{\theta})[\eta^{\mathrm{T}}(\bar{\theta})\psi_i(\bar{\theta})]^2}{1+\eta^{\mathrm{T}}(\bar{\theta})\psi_i(\bar{\theta})}。\tag{2.5.2}$$

由 $\eta(\bar{\theta})=O_p(n^{-1/3})$和 $\psi_m(\bar{\theta})=o_p(n^{1/3})$,可推出

$$\left\| \frac{1}{n}\sum_{i=1}^{n} \frac{\psi_i(\bar{\theta})[\eta^{\mathrm{T}}(\bar{\theta})\psi_i(\bar{\theta})]^2}{1+\eta^{\mathrm{T}}(\bar{\theta})\psi_i(\bar{\theta})} \right\| \leqslant \|\eta(\bar{\theta})\|^2 \max_{1\leqslant i\leqslant n}\|\psi_i(\bar{\theta})\| \frac{1}{n}\sum_{i=1}^{n}\|\psi_i(\bar{\theta})\|^2$$

$$= o_p(n^{-1/3})。$$

结合(2.5.2),得

$$\eta(\bar{\theta}) = \left[\sum_{i=1}^{n}\psi_i(\bar{\theta})\psi_i^{\mathrm{T}}(\bar{\theta})\right]^{-1}\sum_{i=1}^{n}\psi_i(\bar{\theta}) + o_p(n^{-1/3})。\qquad (2.5.3)$$

通过泰勒展开,利用(2.5.3),对$\{\psi_i^*(\theta_1),1\leqslant i\leqslant n\}$使用重对数律,依概率有

$$\hat{l}_E(\bar{\theta}) = \sum_{i=1}^{n}\log\{1+\eta^{\mathrm{T}}(\bar{\theta})\psi_i(\bar{\theta})\} = \sum_{i=1}^{n}\log\{1+\eta^{\mathrm{T}}(\bar{\theta})\psi_i^*(\bar{\theta})\}\{1+o_p(1)\}$$

$$= \sum_{i=1}^{n}\eta^{\mathrm{T}}(\bar{\theta})\psi_i^*(\bar{\theta})\{1+o_p(1)\} - \frac{1}{2}\sum_{i=1}^{n}[\eta^{\mathrm{T}}(\bar{\theta})\psi_i^*(\bar{\theta})]^2\{1+o_p(1)\} + o_p(n^{1/3})$$

$$= \frac{n}{2}\left[\frac{1}{n}\sum_{i=1}^{n}\psi_i^*(\bar{\theta})\right]^{\mathrm{T}}\left[\frac{1}{n}\sum_{i=1}^{n}\psi_i^*(\bar{\theta})\psi_i^{*\,T}(\bar{\theta})\right]^{-1}$$

$$\left[\frac{1}{n}\sum_{i=1}^{n}\psi_i^*(\bar{\theta})\right]\{1+o_p(1)\} + o_p(n^{1/3})$$

$$= \frac{n}{2}\left[\frac{1}{n}\sum_{i=1}^{n}\psi_i^*(\theta_1) + \frac{1}{n}\sum_{i=1}^{n}\frac{\partial\psi_i^*(\theta_1)}{\partial\theta}n^{-1/3}\right]^{\mathrm{T}}\left[\frac{1}{n}\sum_{i=1}^{n}\psi_i^*(\bar{\theta})\psi_i^{*\,T}(\bar{\theta})\right]^{-1}$$

$$\times\left[\frac{1}{n}\sum_{i=1}^{n}\psi_i^*(\theta_1) + \frac{1}{n}\sum_{i=1}^{n}\frac{\partial\psi_i^*(\theta_1)}{\partial\theta}n^{-1/3}\right]\{1+o_p(1)\} + o_p(n^{1/3})$$

$$= \frac{n}{2}[O_{a.s.}(n^{-1/2}(\log\log n)^{1/2}) + n^{-1/3}\cdot(0,-1)][E\psi_1^*(\theta_1)\psi_1^{*\,T}(\theta_1)]^{-1}$$

$$\times[O_{a.s.}(n^{-1/2}(\log\log n)^{1/2}) + n^{-1/3}\cdot(0,-1)^{\mathrm{T}}]\{1+o_p(1)\} + o_p(n^{1/3})$$

$$\geqslant Cn^{1/3}$$

与$\eta(\bar{\theta}) = O_p(n^{-1/3})$的证明类似,对真实均值$\theta_1$,有$\eta(\theta_1) = O_p(n^{-1/2})$,则

$$\hat{l}_E(\theta_1) = \frac{n}{2}\left[\frac{1}{n}\sum_{i=1}^{n}\psi_i^*(\theta_1)\right]^{\mathrm{T}}\left[\frac{1}{n}\sum_{i=1}^{n}\psi_i^*(\theta_1)\psi_i^{*\,T}(\theta_1)\right]^{-1}\left[\frac{1}{n}\sum_{i=1}^{n}\psi_i^*(\theta_1)\right]$$

$$\{1+o_p(1)\} + O_p(1)$$

$$= O_p(\log\log n)$$

由$\hat{l}_E(\theta)$的下凹性，依概率有

$$\hat{l}_E(\theta_2)\geqslant\hat{l}_E(\bar{\theta})\geqslant Cn^{1/3}>\hat{l}_E(\theta_1)=O(\log\log n)。$$

因此

$$\frac{\hat{\mathcal{L}}_{AI}(\theta_2)}{\hat{\mathcal{L}}_{AI}(\theta_1)}=\frac{n^{-n}\exp\{-\hat{l}_E(\theta_2)\}}{n^{-n}\exp\{-\hat{l}_E(\theta_1)\}}=\exp\{-[\hat{l}_E(\theta_2)-\hat{l}_E(\theta_1)]\}\xrightarrow{p}0。$$

故当$\theta^*=\theta_1$时，引理 2.5.4 成立。

定理 2.2.1 的证明　由引理 2.5.1 得$\hat{\mathcal{L}}_{AI}(\theta)$在 **R** 上有唯一的最大值$\hat{\theta}_{ME}$。结合引理 2.5.3 得

$$\sup_{\theta\in\Omega_1}\hat{\mathcal{L}}_{AI}(\theta)=\sup_{\theta\geqslant\theta_0}\hat{\mathcal{L}}_{AI}(\theta)=\begin{cases}\hat{\mathcal{L}}_{AI}(\hat{\theta}_{ME}), & 若\ \hat{\theta}_{ME}>\theta_0;\\ \hat{\mathcal{L}}_{AI}(\theta_0), & 若\ \hat{\theta}_{ME}\leqslant\theta_0。\end{cases}\tag{2.5.4}$$

因此，得

$$\begin{aligned}T_{01}&=\left(-2\log\frac{\hat{\mathcal{L}}_{AI}(\theta_0)}{\hat{\mathcal{L}}_{AI}(\hat{\theta}_{ME})}\right)I(\hat{\theta}_{ME}>\theta_0)+\left(-2\log\frac{\hat{\mathcal{L}}_{AI}(\theta_0)}{\hat{\mathcal{L}}_{AI}(\theta_0)}\right)I(\hat{\theta}_{ME}\leqslant\theta_0)\\&=\left(-2\log\frac{\hat{\mathcal{L}}_{AI}(\theta_0)}{\hat{\mathcal{L}}_{AI}(\hat{\theta}_{ME})}\right)I(\hat{\theta}_{ME}>\theta_0)\\&:=T_nI(\hat{\theta}_{ME}>\theta_0)。\end{aligned}$$

由引理 2.5.3 和 $\sum_{i=1}^{n}\tilde{p}_i(\hat{\theta}_{ME})(\hat{Y}_i-\hat{\theta}_{ME})=0$，有$\sum_{i=1}^{n}\tilde{p}_i(\hat{\theta}_{ME})(\hat{Y}_i-\hat{\theta}_n+O_p(n^{-1/2}))=0$。由$\tilde{p}_i(\hat{\theta}_{ME})=n^{-1}+O_p(n^{-3/2})$，可得

$$\hat{\mathcal{L}}_{AI}(\hat{\theta}_{ME})=n^{-n}+O_p(n^{-3n/2})。$$

与引理 2.5.4 中关于$\hat{l}_E(\bar{\theta})$的证明类似，在原假设 H_0 下，有

$$\begin{aligned}T_n&=-2\log\frac{\hat{\mathcal{L}}_{AI}(\theta_0)}{\hat{\mathcal{L}}_{AI}(\hat{\theta}_{ME})}=-2\log\Big(\prod_{i=1}^{n}(n\tilde{p}_i(\theta_0))\Big)+o_p(1)\\&=2\sum_{i=1}^{n}\log(1+\eta^{\mathrm{T}}\psi_i(\theta_0))+o_p(1)\\&=\left(\frac{1}{\sqrt{n}}\sum_{i=1}^{n}\psi_i(\theta_0)\right)^{\mathrm{T}}\Gamma_{n,AI}^{-1}\left(\frac{1}{\sqrt{n}}\sum_{i=1}^{n}\psi_i(\theta_0)\right)+o_p(1)。\end{aligned}$$

其中 $\Gamma_{n,AI}=\begin{bmatrix}\Gamma_{n1} & \Gamma_{n2}\\ \Gamma_{n2} & \Gamma_n\end{bmatrix}$ 且 $\Gamma_n=\frac{1}{n}\sum_{i=1}^{n}(\hat{Y}_i-\theta_0)^2$，$\Gamma_{n1}=\frac{1}{n}\sum_{i=1}^{n}A(X_i)A^{\mathrm{T}}(X_i)$，

$$\Gamma_{n2}=\frac{1}{n}\sum_{i=1}^{n}A(\boldsymbol{X}_i)(\hat{Y}_i-\theta_0)。$$

注意到$\Gamma_{n,AI}\xrightarrow{p}\Gamma_{AI}$，结合引理 2.5.2，对任意 $t>0$，有

$$P\{T_{01}>t\}=P\{T_n>t,\hat{\theta}_{ME}>\theta_0\}$$

$$=P\left\{\left(\frac{1}{\sqrt{n}}\sum_{i=1}^{n}\psi_i(\theta_0)\right)^{\mathrm{T}}\Gamma_{n,AI}^{-1}\left(\frac{1}{\sqrt{n}}\sum_{i=1}^{n}\psi_i(\theta_0)\right)+o_p(1)>t,\sqrt{n}(\hat{\theta}_{ME}-\theta_0)\Gamma^{-1/2}>0\right\}$$

$$\to P\{\chi_q^2+Z^2>t,Z>0\}=P\{Z^2>t-\chi_q^2,Z>0\}$$

$$=\frac{1}{2}P\{Z^2>t-\chi_q^2\}=\frac{1}{2}P\{\chi_{q+1}^2>t\}$$

因此，$P\{T_{01}\leqslant t\}=1-\frac{1}{2}P\{\chi_{q+1}^2>t\}=\frac{1}{2}+\frac{1}{2}P\{\chi_{q+1}^2\leqslant t\}$，$T_{01}\xrightarrow{d}\frac{1}{2}\chi_0^2+\frac{1}{2}\chi_{q+1}^2$，定理 2.2.1 得证。

定理 2.2.2 的证明 对真实的均值 $\theta^*=\theta_0+n^{-1/2}\Gamma^{1/2}\tau$，$\frac{1}{\sqrt{n}}\sum_{i=1}^{n}\psi_i(\theta^*)\xrightarrow{d}N(0,\Gamma_{AI})$ 依然成立。由引理 2.5.2，可得

$$P\{T_{01}>c_\alpha\mid\theta^*\}=P\{T_n>c_\alpha,\hat{\theta}_{ME}>\theta_0\mid\theta^*\}$$

$$=P\left\{\left(\frac{1}{\sqrt{n}}\sum_{i=1}^{n}\psi_i(\theta_0)\right)^{T}\Gamma_{n,\mathrm{AI}}^{-1}\left(\frac{1}{\sqrt{n}}\sum_{i=1}^{n}\psi_i(\theta_0)\right)+o_p(1)>c_\alpha,\sqrt{n}(\hat{\theta}_{ME}-\theta_0)\Gamma^{-1/2}>0\right\}$$

$$\to P\{\chi_q^2+(Z+\tau)^2>c_\alpha,Z+\tau>0\}$$

$$=\int_0^{c_\alpha}P\{x+(Z+\tau)^2>c_\alpha,Z+\tau>0\}p_\chi(x)\mathrm{d}x+\int_{c_\alpha}^{\infty}P\{Z+\tau>0\}p_\chi(x)\mathrm{d}x$$

$$=\int_0^{c_\alpha}P\{Z>(c_\alpha-x)^{1/2}-\tau\}p_\chi(x)\mathrm{d}x+\Phi(\tau)(1-F_\chi(c_\alpha))$$

$$=\int_0^{c_\alpha}\Phi(\tau-(c_\alpha-x)^{1/2})p_\chi(x)\mathrm{d}x+\Phi(\tau)(1-F_\chi(c_\alpha)),$$

定理 2.2.2 得证。

定理 2.2.3 的证明 由(2.5.4)，有

$$T_{12}=\left(-2\log\frac{\hat{\mathcal{L}}_{AI}(\hat{\theta}_{ME})}{\hat{\mathcal{L}}_{AI}(\hat{\theta}_{ME})}\right)I(\hat{\theta}_{ME}>\theta_0)+\left(-2\log\frac{\hat{\mathcal{L}}_{AI}(\theta_0)}{\hat{\mathcal{L}}_{AI}(\hat{\theta}_{ME})}\right)I(\hat{\theta}_{ME}\leqslant\theta_0)$$

$$=\left(-2\log\frac{\hat{\mathcal{L}}_{AI}(\theta_0)}{\hat{\mathcal{L}}_{AI}(\hat{\theta}_{ME})}\right)I(\hat{\theta}_{ME}\leqslant\theta_0):=T_nI(\hat{\theta}_{ME}\leqslant\theta_0)。$$

与定理 2.2.1 的证明类似,可得

$$T_{12}\xrightarrow{d}\frac{1}{2}\chi_0^2+\frac{1}{2}\chi_{q+1}^2\text{ 当 }\theta^*=\theta_0。$$

因此,$\lim\limits_{n\to\infty}P\{T_{12}>c_\alpha|\theta^*=\theta_0\}=\alpha$。对任意固定的真实均值 $\theta^*>\theta_0$,由 $\sqrt{n}(\hat{\theta}_{ME}-\theta^*)\Gamma^{-1/2}\xrightarrow{d}N(0,1)$,有

$$\begin{aligned}P\{T_{12}>c_\alpha\mid\theta^*\}&\leqslant P\{\hat{\theta}_{ME}\leqslant\theta_0\mid\theta^*\}\\&\leqslant P\{\sqrt{n}(\hat{\theta}_{ME}-\theta^*)\Gamma^{-1/2}\leqslant\sqrt{n}(\theta_0-\theta^*)\Gamma^{-1/2}\mid\theta^*\}\\&\to P\{Z\leqslant-\infty\}=0。\end{aligned}$$

定理 2.2.3 得证。

定理 2.2.4 的证明 假设真实均值 θ^* 是 θ_1。由引理 2.5.1,有

$$\begin{aligned}\sup_{\theta_1\leqslant\theta\leqslant\theta_2}\hat{\mathcal{L}}_{AI}(\theta)=&\hat{\mathcal{L}}_{AI}(\theta_1)I(\hat{\theta}_{ME}<\theta_1)+\hat{\mathcal{L}}_{AI}(\hat{\theta}_{ME})I(\theta_1\leqslant\hat{\theta}_{ME}\leqslant\theta_2)\\&+\hat{\mathcal{L}}_{AI}(\theta_2)I(\hat{\theta}_{ME}>\theta_2)。\end{aligned}\tag{2.5.5}$$

记 $\mathcal{L}^*=\max\{\hat{\mathcal{L}}(\theta_1),\hat{\mathcal{L}}(\theta_2)\}$。由引理 2.5.4 和(2.5.5),得

$$\begin{aligned}T_{34}=&\left(-2\log\frac{\mathcal{L}^*}{\hat{\mathcal{L}}_{AI}(\theta_1)}\right)I(\hat{\theta}_{ME}\leqslant\theta_1)+\left(-2\log\frac{\mathcal{L}^*}{\hat{\mathcal{L}}_{AI}(\hat{\theta}_{ME})}\right)I(\theta_1\leqslant\hat{\theta}_{ME}\leqslant\theta_2)\\&+\left(-2\log\frac{\mathcal{L}^*}{\hat{\mathcal{L}}_{AI}(\theta_2)}\right)I(\hat{\theta}_{ME}>\theta_2)\\=&\left(-2\log\frac{\hat{\mathcal{L}}_{AI}(\theta_1)}{\hat{\mathcal{L}}_{AI}(\hat{\theta}_{ME})}\right)I(\theta_1\leqslant\hat{\theta}_{ME}\leqslant\theta_2)\{1+o_p(1)\}\\&+\left(-2\log\frac{\hat{\mathcal{L}}_{AI}(\theta_1)}{\hat{\mathcal{L}}_{AI}(\theta_2)}\right)I(\hat{\theta}_{ME}>\theta_2)\{1+o_p(1)\}+o_p(1)\\=&\left(-2\log\frac{\hat{\mathcal{L}}_{AI}(\theta_1)}{\hat{\mathcal{L}}_{AI}(\hat{\theta}_{ME})}\right)I(\hat{\theta}_{ME}\geqslant\theta_1)\{1+o_p(1)\}\\&+\left(2\log\frac{\hat{\mathcal{L}}_{AI}(\theta_1)}{\hat{\mathcal{L}}_{AI}(\hat{\theta}_{ME})}-2\log\frac{\hat{\mathcal{L}}_{AI}(\theta_1)}{\hat{\mathcal{L}}_{AI}(\theta_2)}\right)I(\hat{\theta}_{ME}>\theta_2)\{1+o_p(1)\}+o_p(1)。\end{aligned}$$

由引理 2.5.3,有

$$P(\hat{\theta}_{ME}>\theta_2)=P(\sqrt{n}(\hat{\theta}_{ME}-\theta_1)\Gamma^{-1}>\sqrt{n}(\theta_2-\theta_1)\Gamma^{-1})\to P(Z>+\infty)=0。$$

由定理 2.2.1,可得

$$T_{34}=(-2\log\frac{\hat{\mathcal{L}}_{AI}(\theta_1)}{\hat{\mathcal{L}}_{AI}(\hat{\theta}_{ME})})I(\hat{\theta}_{ME}\geqslant\theta_1)\{1+o_p(1)\}+o_p(1)\xrightarrow{d}\frac{1}{2}\chi_0^2+\frac{1}{2}\chi_{q+1}^2,$$

故当 $\theta^*=\theta_1$ 时,结论成立。当 $\theta^*=\theta_2$ 时,类似可得。

定理 2.2.5 的证明 由(2.5.5),记

$$T_{24}=(-2\log\frac{\hat{\mathcal{L}}_{AI}(\theta_1)}{\hat{\mathcal{L}}_{AI}(\hat{\theta}_{ME})})I(\hat{\theta}_{ME}<\theta_1)+(-2\log\frac{\hat{\mathcal{L}}_{AI}(\theta_2)}{\hat{\mathcal{L}}_{AI}(\hat{\theta}_{ME})})I(\hat{\theta}_{ME}>\theta_2)。$$

当 $\theta_1<\theta^*<\theta_2$,有 $\sqrt{n}(\theta_1-\theta^*)\Gamma^{-1}\to-\infty$,$\sqrt{n}(\theta_2-\theta^*)\Gamma^{-1}\to+\infty$,因此,由引理 2.5.3,可得

$$\begin{aligned}P\{T_{24}>c_\alpha\mid\theta^*\}&\leqslant P\{\hat{\theta}_{ME}<\theta_1\mid\theta^*\}+P\{\hat{\theta}_{ME}>\theta_2\mid\theta^*\}\\&\leqslant P\{\sqrt{n}(\hat{\theta}_{ME}-\theta^*)\Gamma^{-1}<\sqrt{n}(\theta_1-\theta^*)\Gamma^{-1}\mid\theta^*\}\\&\quad+P\{\sqrt{n}(\hat{\theta}_{ME}-\theta^*)\Gamma^{-1}>\sqrt{n}(\theta_2-\theta^*)\Gamma^{-1}\mid\theta^*\}\\&\to P(Z<-\infty)+P(Z>+\infty)=0。\end{aligned}$$

若 $\theta^*=\theta_1$,$P(\hat{\theta}_{ME}>\theta_2)\to0$;若 $\theta^*=\theta_2$,$P(\hat{\theta}_{ME}<\theta_1)\to0$。由定理 2.2.1 的证明,可得

$$T_{24}\xrightarrow{d}\frac{1}{2}\chi_0^2+\frac{1}{2}\chi_{q+1}^2,当\ \theta^*=\theta_1\ 或\ \theta_2。$$

因此,$\lim\limits_{n\to\infty}P\{T_{24}>c_\alpha|\theta^*=\theta_1$ 或 $\theta_2\}=\alpha$。定理 2.2.5 得证。

第三章　缺失数据下部分线性测量误差模型的假设检验

一般地，部分线性模型的形式如下：

$$Y=X^{\mathrm{T}}\beta+g(T)+\varepsilon, \tag{3.0.1}$$

其中 Y 是反应变量，$X\in\mathbf{R}^p$ 和 $T\in\mathbf{R}$ 是解释变量，$\beta=(\beta_1,\cdots,\beta_p)^{\mathrm{T}}$ 是一个未知的 p 维的参数向量，$g(\cdot)$是定义在 $\mathbf{R}$ 上的未知的光滑函数，ε 是模型误差且 $E(\varepsilon\mid X,T)=0$。

在本章中，我们假定模型(3.0.1)中的协变量 X 有测量误差，我们仅能观察到它的替代变量 W。假定 Y 是随机缺失的，即在给定 W 和 T 的条件下，δ 和 Y 是条件独立的：$P(\delta=1\mid W,T,Y)=P(\delta=1\mid W,T):=\Delta(W,T)$。具体地，我们考虑下面的部分线性测量误差模型：

$$\begin{cases}Y=X^{\mathrm{T}}\beta+g(T)+\varepsilon,\\ W=X+\eta\end{cases} \tag{3.0.2}$$

其中 η 是与(X,T,ε)独立的测量误差，均值为 0，且具有已知的协方差阵 Σ_η。

本章的目的是检验(3.0.2)中的非参数部分是否是一个参数函数：

$$H_0:g(T)=G(T,\theta_0)，对某一个\ \theta=\theta_0\ vs\ H_1:g(T)\neq G(T,\theta)，对任意的\ \theta, \tag{3.0.3}$$

其中 $G(\cdot,\theta)$是一个已知的函数。由于测量误差会使得估计量有偏倚，我们提出了一个纠偏的估计方法。受文献 Zheng(1996)的启发，引入两个二次条件矩检验统计量来检验(3.0.3)。结果表明本章提出的两个检验统计量在理论中和数值模拟中有相似的表现。

3.1 检验过程

3.1.1 纠偏的估计

假设$\{(y_i,\delta_i,x_i,w_i,t_i),1\leqslant i\leqslant n\}$是来自$(Y,\delta,X,W,T)$的独立同分布的随机样本。对模型(3.0.1),在随机缺失的假设下,Niu 等人(2016)采用估计量$\tilde{\beta}_N$ 来估计β,即,

$$\tilde{\beta}_N=\Big[\sum_{i=1}^{n}\delta_i(x_i-\tilde{g}_1(t_i))(x_i-\tilde{g}_1(t_i))^{\mathrm{T}}\Big]^{-1}\sum_{i=1}^{n}\delta_i(x_i-\tilde{g}_1(t_i))(y_i-\hat{g}_2(t_i)),\tag{3.1.1}$$

其中

$$\tilde{g}_1(t_i)=\frac{\sum_{j=1}^{n}\delta_j x_j K_h(t_i-t_j)}{\sum_{j=1}^{n}\delta_j K_h(t_i-t_j)}\text{和}\hat{g}_2(t_i)=\frac{\sum_{j=1}^{n}\delta_j y_j K_h(t_i-t_j)}{\sum_{j=1}^{n}\delta_j K_h(t_i-t_j)}$$

分别是$g_1(t_i)=\frac{E(\delta_i x_i\mid t_i)}{E(\delta_i\mid t_i)}$和$g_2(t_i)=\frac{E(\delta_i y_i\mid t_i)}{E(\delta_i\mid t_i)}$的非参数估计量,$i=1,\cdots,n$。$K_h(\cdot)=K(\cdot/h)/h$,$K(\cdot)$是核函数且$h$是一个趋于 0 的正数序列,称作窗宽。

在本章中,假设x_i不能直接观测到,而是观察到它的替代值w_i且$w_i=x_i+\eta_i$,$i=1,\cdots,n$。如果忽略测量误差且直接用w_i代替x_i,则得到的估计量是不相合的且是有偏的。基于此,接下来引入一个纠偏的估计量$\hat{\beta}$来估计β:

$$\hat{\beta}=\Big[\sum_{i=1}^{n}\delta_i(w_i-\hat{g}_1(t_i))(w_i-\hat{g}_1(t_i))^{\mathrm{T}}-\Sigma_\eta\sum_{i=1}^{n}\delta_i\Big]^{-1}\sum_{i=1}^{n}\delta_i(w_i-\hat{g}_1(t_i))(y_i-\hat{g}_2(t_i)),\tag{3.1.2}$$

其中$\hat{g}_1(t_i)$是由$\tilde{g}_1(t_i)$中的x_j被w_j替代所得。

注意到，在原假设下，

$$G(T,\theta)=E\left\{\frac{\delta(Y-X^{\mathrm{T}}\beta)}{\Delta_t(T)}\mid T\right\}=E\left\{\frac{\delta(Y-W^{\mathrm{T}}\beta)}{\Delta_t(T)}\mid T\right\}。\tag{3.1.3}$$

由(3.1.3)式，可得θ的一个纠偏的估计量$\hat{\theta}$

$$\hat{\theta}=\operatorname{argmin}_{\theta}\sum_{i=1}^{n}(\hat{R}_i-G(t_i,\theta))^2,\tag{3.1.4}$$

其中$\hat{R}_i=\dfrac{\delta_i(y_i-w_i^T\hat{\beta})}{\hat{\Delta}_t(t_i)}$，$\hat{\Delta}_t(t_i)=\dfrac{\sum_{j=1}^{n}\delta_j K_h(t_i-t_j)}{\sum_{j=1}^{n}K_h(t_i-t_j)}$且$\hat{\Delta}_t(\cdot)$是$\Delta_t(\cdot)$的非参数估计量，而$\Delta_t(T)$是给定$T$的条件下$Y$没有缺失的概率即$\Delta_t(T)=P(\delta=1|T)$。

3.1.2　检验统计量的构造

令$e=Y-X^{\mathrm{T}}\beta-G(T,\theta)=g(T)-G(T,\theta)+\varepsilon$，$p(\cdot)$是$T$的概率密度函数。对模型(3.0.2)，在随机缺失的假设和原假设下，有

$$E(e|T)=E\{g(T)-G(T,\theta_0)+\varepsilon|T\}=0,$$

$$E(\delta e|T)=E\{\Delta(W,T)E(e|W,T)|T\}=0,$$

$$E\left\{\frac{\delta}{\Delta_t(T)}e|T\right\}=E\left\{\frac{\Delta(W,T)}{\Delta_t(T)}E(e|W,T)|T\right\}=0。$$

在备择假设H_1下，发现$E(e|T)\neq 0$且$E(e|X,T)\neq 0$，由此得到

$$E(\delta e|T)\neq 0 \text{ 且 } E\left\{\frac{\delta}{\Delta_t(T)}e|T\right\}\neq 0。$$

进一步，在原假设H_0下，有

$$E\{\delta eE(\delta e|T)p(T)\}=E\{E^2(\delta e|T)p(T)\}=0,$$

$$E\left\{\frac{\delta e}{\Delta_t(T)}E\left(\frac{\delta e}{\Delta_t(T)}|T\right)p(T)\right\}=E\left\{E^2\left(\frac{\delta e}{\Delta_t(T)}|T\right)p(T)\right\}=0。\tag{3.1.5}$$

而在 H_1 下,

$$E\{\delta e E(\delta e \mid T)p(T)\}=E\{E^2(\delta e \mid T)p(T)\}>0,$$

$$E\left\{\frac{\delta e}{\Delta_t(T)}E\left(\frac{\delta e}{\Delta_t(T)} \mid T\right)p(T)\right\}=E\left\{E^2\left(\frac{\delta e}{\Delta_t(T)} \mid T\right)p(T)\right\}>0。 \tag{3.1.6}$$

(3.1.5)式的左边的经验版本可用来作为检验统计量,当检验统计量的值很大时拒绝原假设 H_0。基于此,令 $\hat{e}_i=y_i-w_i^{\mathrm{T}}\hat{\beta}-G(t_i,\hat{\theta})$ 且 $\hat{p}(t_i)=\frac{1}{n-1}\sum_{j\neq i}K_h(t_i-t_j)$ 是 $p(t_i)$ 估计量。进一步,定义 $E(\delta e \mid T)$ 和 $E\left(\frac{\delta e}{\Delta_t(T)} \mid T\right)$ 的估计量如下:

$$\hat{E}(\delta e \mid t_i)=\frac{1}{n-1}\sum_{j\neq i}^{n}\delta_j K_h(t_i-t_j)\hat{e}_j/\hat{p}(t_i), \tag{3.1.7}$$

$$\hat{E}\left(\frac{\delta e}{\Delta_t(T)} \mid t_i\right)=\frac{1}{n-1}\sum_{j\neq i}^{n}\frac{\delta_j}{\hat{\Delta}_t(t_j)}K_h(t_i-t_j)\hat{e}_j/\hat{p}(t_i), \tag{3.1.8}$$

于是,两个纠偏的二次条件矩检验统计量构造如下:

$$V_n=\frac{1}{n(n-1)}\sum_{i=1}^{n}\sum_{i\neq j}^{n}\delta_i\delta_j K_h(t_i-t_j)\hat{e}_i\hat{e}_j,$$

$$L_n=\frac{1}{n(n-1)}\sum_{i=1}^{n}\sum_{i\neq j}^{n}\frac{\delta_i}{\hat{\Delta}_t(t_i)}\frac{\delta_j}{\hat{\Delta}_t(t_j)}K_h(t_i-t_j)\hat{e}_i\hat{e}_j。$$

3.1.3 检验统计量的极限分布

在这一节,我们给出所提出的检验统计量的极限分布。记 $\sigma^2(t)=E(e_1^2 \mid t_1=t)$,$\Sigma_V = 2\int K^2(u)\mathrm{d}u\int(\sigma^2(t)+\beta^{\mathrm{T}}\Sigma_\eta\beta)^2p^2(t)\mathrm{d}t$, $\sum_L = 2\int K^2(u)du\int\frac{(\sigma^2(t)+\beta^{\mathrm{T}}\Sigma_\eta\beta)^2p^2(t)}{\Delta_t^2(t)}\mathrm{d}t$,其中 Σ_V 和 Σ_L 的相合估计为

$$\hat{\Sigma}_V=\frac{2}{n(n-1)}\sum_{i=1}^{n}\sum_{j\neq i}^{n}\frac{1}{h}\delta_i\delta_j K^2\left(\frac{t_i-t_j}{h}\right)\hat{e}_i^2\hat{e}_j^2,$$

$$\hat{\Sigma}_L = \frac{2}{n(n-1)} \sum_{i=1}^{n} \sum_{j \neq i}^{n} \frac{1}{h} \frac{\delta_i \delta_j}{\hat{\Delta}_t^2(t_i) \hat{\Delta}_t^2(t_j)} K^2\left(\frac{t_i - t_j}{h}\right) \hat{e}_i^2 \hat{e}_j^2。$$

定理 3.1.1　假设条件(C1)—(C8)成立。则在原假设下，

$$nh^{\frac{1}{2}} V_n \xrightarrow{d} N(0, \Sigma_V) \text{ 且 } nh^{\frac{1}{2}} L_n \xrightarrow{d} N(0, \Sigma_L)。$$

注 3.1.1　(a) 若 X_i 可直接观察，则 $\eta_i \equiv 0$ 且 $\Sigma_\eta = 0, i = 1, \cdots, n$。在此情形下，定理 3.1.1 退化为 Niu 等人(2016)中的定理 1。

(b)定理 3.1.1 表明，在原假设下，本章提出的二个纠偏的检验统计量 V_n 和 L_n 有相同的收敛速度且没有渐近偏差项。同时，p 值可由极限零分布确定。

(c) 实际应用中协方差阵 Σ_η 可能是未知的。通常估计 Σ_η 的方法正如 Liang(1999) 的一样，可通过重复抽样的方法估计 Σ_η。假定 w_i 有 k_i 个重复测量的值，$\overline{w}_i$ 是对应的均值，于是可观察到 $w_{ij} = x_i + \eta_{ij}, j = 1, \cdots, k_i$，进而得到 Σ_η 的一个相合且无偏的估计量

$$\hat{\Sigma}_\eta = \frac{\sum_{i=1}^{n} \sum_{j=1}^{k_i} (w_{ij} - \overline{w}_i)(w_{ij} - \overline{w}_i)^{\mathrm{T}}}{\sum_{i=1}^{n} (k_i - 1)}。$$

3.1.4　局部备择假设的检验

接下来研究提出的检验对一列备择假设的敏感性。备择假设的形式如下

$$H_{1n}: Y = X^{\mathrm{T}} \beta + G(T, \theta_0) + a_n H(T) + \xi, \tag{3.1.9}$$

其中 $\{a_n\}$ 是一个常数序列，$E(\xi \mid T) = 0$，$H(\cdot)$是任意一个函数且满足 $E\{H^2(T)\} < \infty$。

定理 3.1.2　在定理 3.1.1 的条件和局部备择假设 H_{1n}下，当 $a_n = n^{-\frac{1}{2}} h^{-\frac{1}{4}}$，有

$$nh^{\frac{1}{2}} V_n \xrightarrow{d} N(\mu_1, \Sigma_V) \text{ 且 } nh^{\frac{1}{2}} L_n \xrightarrow{d} N(\mu_2, \Sigma_L),$$

其中 $\mu_1 = E\{l^2(T)\Delta_t^2(T)p(T)\}$，$\mu_2 = E\{l^2(T)p(T)\}$，$G'(T,\theta) = \partial G(T,\theta)/\partial\theta$，$\Gamma_1 = E\{G'(T,\theta_0)G'(T,\theta_0)^T\}$，$l(T) = H(T) - G'(T,\theta_0)\Gamma_1^{-1}E\{G'(T,\theta_0)H(T)\}$。当 a_n 的收敛速度比 $n^{-\frac{1}{2}}h^{-\frac{1}{4}}$ 慢时，检验统计量依概率趋于无穷大。

注 3.1.2 定理 3.1.2 表明：当局部备择假设以比 $n^{-1/2}h^{-1/4}$ 慢的速度远离原假设时，本章提出的纠偏的检验统计量的渐近功效为 1。同时，本章提出的检验可以以速度 $n^{-1/2}h^{-1/4}$ 识别备择假设，这是基于局部光滑方法的最优速度，参见 Härdle 和 Mammen(1993) 和 Zheng(1996)。

3.2 模拟研究和实例

3.2.1 模拟研究

例 1 数据来自下面的部分线性测量误差模型

$$\begin{cases} Y_i = X_i^T\beta + \theta\{\exp(T_i) + \cos(2\pi T_i)\} + a\sin(2\pi T_i) + \varepsilon_i, \\ W_i = X_i + \eta_i, i = 1, \cdots, n, \end{cases} \tag{3.2.1}$$

其中 $\beta = (\beta_1, \beta_2)^T = (2,3)^T$，$\theta = 1$，$T_i \sim U(0,1)$，$X_i \sim N((\mu,\mu)^T, I_2)$，其中 μ 分别是 0，0.5 和 1，且 I_2 是 2×2 单位阵，$\varepsilon_i \sim N(0,1)$。测量误差 $\eta_i \sim N((0,0)^T, \Sigma_\eta)$，取 $\Sigma_\eta = 0.25I_2$ 和 $0.5I_2$ 来代表测量误差不同的水平。核函数是 *bi-weight* 核 $K(u) = \frac{15}{16}(1-u^2)^2$，若 $|u| \leqslant 1$，反之为 0。对模型 (3.2.1)，原假设 $H_0: g(T) = \theta\{\exp(T) + \cos(2\pi T)\}$ 显然，$a = 0$ 对应原假设；$a \neq 0$ 对应备择假设。在假设检验问题中，最优窗宽的选择正如 Zhu 和 Ng(2003) 提到的，仍然是一个开放性的问题，需要进一步的研究。为了调查本章的检验对窗宽的选择是否敏感，在接下来的模拟中试了 2 个窗宽：h_0

$=\hat{\sigma}(T)n^{-\frac{1}{3}}$ 和 $h_1=2\hat{\sigma}(T)n^{-\frac{1}{3}}$，其中 $\hat{\sigma}(T)$ 是 T 的样本标准差。每一个模拟重复 1000 次。

假设反应变量 Y 是随机缺失的，反应变量的示性变量 δ 服从 Bernoulli 分布，概率为 $\Delta(W,T)$。选择的三种缺失机制如下

$\Delta_1(w,t)$：$P(\delta=1 \mid W=w,T=t)=0.70+0.25(\|w-0.5\|+|t-0.5|)$

如果 $\|w-0.5\|+|t-0.5|\leqslant 0.3$；反之为 0.90。

$\Delta_2(w,t)$：$P(\delta=1 \mid W=w,T=t)=1.08-0.12(\|w-1\|+|t-0.5|)$

如果 $\|w-1\|+|t-0.5|\leqslant 1$；反之为 0.70。

$\Delta_3(w,t)$：$P(\delta=1 \mid W=w,T=t)=0.60$，对一切 w 和 t。

和上述三种缺失机制对应的平均缺失率分别近似为 0.10，0.27 和 0.40。首先，我们研究检验统计量在三种缺失机制下的经验水平，给定显著性水平 $\alpha=0.05$，样本容量分别为 $n=200$ 和 600。为了评价我们提出的方法，把我们提出的检验统计量 V_n 和 L_n 和直接忽略测量误差且用 W 替代 X 的 naive 检验统计量进行比较。模拟结果见表格 3-1—3-3（不同的窗宽和 μ）。

从表 3-1—表 3-3，有如下发现：

(1) 在以下模拟中，本章提出的检验统计量 V_n 和 L_n 几乎比 naive 检验统计量的表现好，因为提出的检验方法更接近预先指定的显著性水平 0.05。

(2) 当 μ 变大时，naive 检验统计量很快就变差，而本章提出的方法是稳健的，因此本章提出的检验统计量可以很好地控制犯第一类错误的概率。

(3) 当测量误差的方差越小或缺失率越小，本章提出的检验统计量的表现越好。

(4) 在相同的缺失机制，样本容量和测量误差下，本章提出的检验方法在不同的窗宽下有类似的结果。

(5) 对模型(3.2.1)，V_n 和 L_n 有类似的结果。

表 3-1 不同缺失机制和窗宽下经验的检验水平（$\times10^{-2}$），$\mu=0$

	Σ_η	n	h_0				h_1			
			V_n	V_{naive}	L_n	L_{naive}	V_n	V_{naive}	L_n	L_{naive}
$\Delta_1(w,t)$	$0.25I_2$	200	4.4	3.7	4.1	3.5	3.5	2.7	3.4	2.5
		600	4.5	3.7	4.9	3.9	4.2	4.1	4.4	4.4
	$0.5I_2$	200	4.9	5.2	4.9	4.7	3.9	3.0	4.0	2.8
		600	5.5	3.3	5.4	3.4	3.7	3.2	3.7	3.5
$\Delta_2(w,t)$	$0.25I_2$	200	4.9	4.3	4.3	3.9	4.3	2.6	4.4	2.5
		600	5.5	5.6	5.1	5.0	5.6	3.6	5.8	3.3
	$0.5I_2$	200	3.8	3.8	4.4	3.7	4.3	4.1	4.2	3.2
		600	5.0	4.9	4.8	5.2	4.6	3.1	4.7	3.4
$\Delta_3(w,t)$	$0.25I_2$	200	4.7	3.2	4.4	3.7	3.3	3.2	3.1	2.9
		600	5.0	5.2	5.6	5.8	5.2	4.4	5.3	4.7
	$0.5I_2$	200	5.4	4.3	5.4	4.0	4.4	4.0	3.9	4.3
		600	5.5	4.9	4.8	4.6	3.5	3.8	3.5	4.2

表 3-2 不同缺失机制和窗宽下经验的检验水平（$\times10^{-2}$），$\mu=0.5$

	Σ_η	n	h_0				h_1			
			V_n	V_{naive}	L_n	L_{naive}	V_n	V_{naive}	L_n	L_{naive}
$\Delta_1(w,t)$	$0.25I_2$	200	3.8	14.4	3.7	14.1	3.1	13.4	3.1	13.4
		600	4.8	25.9	4.7	25.9	3.7	34.1	3.6	34.1
	$0.5I_2$	200	5.1	18.4	5.9	19.0	4.7	24.2	4.8	24.2
		600	3.8	52.4	3.7	51.2	4.3	66.3	4.5	65.8
$\Delta_2(w,t)$	$0.25I_2$	200	6.5	11.9	5.2	11.2	3.8	14.1	3.4	13.0
		600	5.7	19.9	4.9	18.1	4.6	28.4	4.2	26.9
	$0.5I_2$	200	7.3	15.6	7.2	14.6	4.9	20.1	5.9	18.0
		600	6.2	42.4	5.9	40.5	5.8	58.0	5.7	55.7
$\Delta_3(w,t)$	$0.25I_2$	200	5.2	7.7	5.2	7.0	5.4	11.7	5.3	10.2
		600	5.2	16.0	5.1	15.3	3.7	20.9	3.8	20.2
	$0.5I_2$	200	8.1	12.3	7.5	11.1	5.0	18.5	5.4	16.9
		600	5.0	34.1	4.9	31.8	4.8	46.6	4.9	45.4

接下来，借助功效来展示测量误差、缺失机制、窗宽和 μ 对检验统计量产生的影响。在模型(3.2.1)中，取 $a=0:0.3:3$。给定水平 $a=0.05$，n

$=100$,模拟次数 1000 次,先计算检验统计量经验的检验水平和检验功效。进一步,用图形来展示结果,给出了 $n=100$ 和水平 $\alpha=0.05$ 下的经验的检验水平和检验功效。表 3-4 仅给出了 $\Sigma_\eta=0.25I_2$ 和缺失机制 $\Delta_1(w,t)$ 下的结果,图 3-1 给出了窗宽为 h_0 和 $\mu=0$ 下的功效曲线。其他情况下的结果

表 3-3　不同缺失机制和窗宽下经验的检验水平($\times 10^{-2}$),$\mu=1$

	Σ_η	n	h_0				h_1			
			V_n	V_{naive}	L_n	L_{naive}	V_n	V_{naive}	L_n	L_{naive}
$\Delta_1(w,t)$	$0.25I_2$	200	7.2	43.2	7.2	41.9	5.6	52.6	5.4	52.4
		600	6.9	91.0	6.7	90.8	5.1	96.5	4.7	96.5
	$0.5I_2$	200	12.1	75.0	12.4	73.7	8.4	86.2	8.4	86.3
		600	8.5	99.9	8.5	99.9	6.3	99.9	6.9	99.9
$\Delta_2(w,t)$	$0.25I_2$	200	10.2	38.0	8.5	35.5	9.4	49.0	9.0	47.2
		600	9.1	85.8	8.5	84.0	5.7	92.1	5.7	92.1
	$0.5I_2$	200	15.9	64.5	14.9	62.0	10.9	77.5	10.1	75.8
		600	9.7	98.8	9.1	98.9	8.1	100	7.6	99.9
$\Delta_3(w,t)$	$0.25I_2$	200	9.3	31.1	9.4	28.8	6.9	39.6	6.3	39.4
		600	6.2	72.9	6.7	70.7	6.1	84.9	5.7	84.0
	$0.5I_2$	200	15.6	55.4	14.8	52.1	10.3	65.8	11.0	63.7
		600	9.1	96.2	10.4	95.6	5.6	99.1	6.3	99.1

类似。

表 3-4　在 $\Delta_1(w,t)$ 下,不同窗宽和 μ 下检验统计量经验的检验水平($\times 10^{-2}$)和检验功效($\times 10^{-2}$)

a	$\mu=0.5(h_0)$		$\mu=0.5(h_1)$		$\mu=1(h_0)$		$\mu=1(h_1)$	
	V_n	L_n	V_n	L_n	V_n	L_n	V_n	L_n
0	4.9	4.8	5.2	4.9	9.4	9.3	8.5	8.7
0.3	8.2	8.0	7.1	7.1	9.7	10.1	9.5	9.6
0.6	10.7	10.7	15.4	14.7	16.2	15.7	24.1	23.4
0.9	25.3	25.5	40.8	39.6	30.8	30.3	42.2	41.9
1.2	49.8	49.1	70.7	69.8	51.7	51.2	70.1	69.8

续　表

a	$\mu=0.5(h_0)$		$\mu=0.5(h_1)$		$\mu=1(h_0)$		$\mu=1(h_1)$	
	V_n	L_n	V_n	L_n	V_n	L_n	V_n	L_n
1.5	75.5	75.7	89.8	89.6	76.3	75.3	88.9	88.7
1.8	92.8	92.5	96.4	96.4	90.6	90.3	98.1	98.1
2.1	97.6	97.6	99.6	99.7	97.2	96.9	99.1	99.0
2.4	99.6	99.5	100	100	99.1	99.1	99.9	99.9
2.7	99.9	100	100	100	99.9	99.9	99.9	100
3.0	100	100	100	100	100	100	100	100

由表 3-4,可以发现:随着 a 的增加,检验统计量的功效也快速的增加。这说明本章提出的检验方法可有效的识别出备择假设。进一步,检验统计量的功效对不同的窗宽不敏感。图 3-1 也表明本章提出的方法不仅可以有很高的功效区别原假设和备择假设,而且对测量误差具有一定的稳健性。另一方面,在 $\alpha\neq0$ 时的备择假设下,基于上述三种缺失机制,测量误差越小,对应的功效越大。再者,在相同的测量误差下,缺失的数据越少,本章提出的检验方法越好。

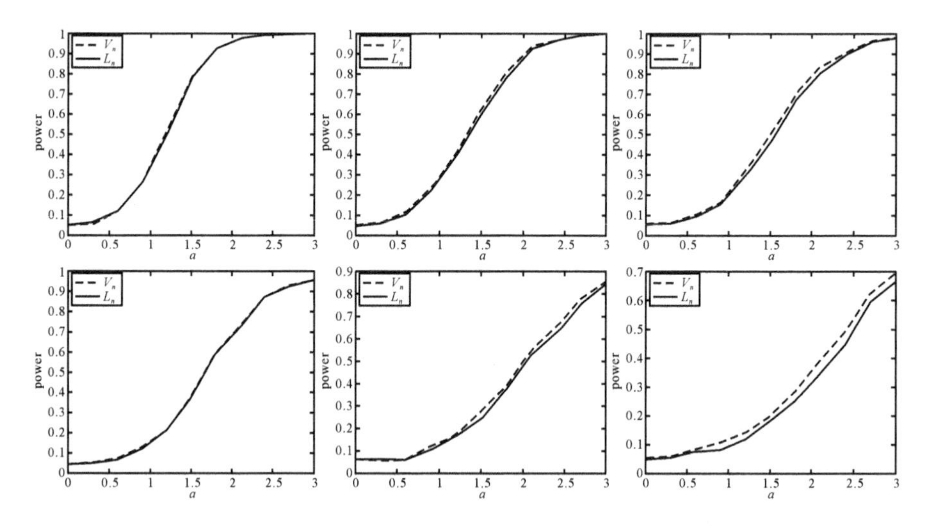

图 3-1　两个检验统计量的功效曲线,缺失机制分别为:$\Delta_1(w,t)$(左),$\Delta_2(w,t)$(中),$\Delta_3(w,t)$(右)且 $\Sigma_\eta=0.25I_2$(上面),$\Sigma_\eta=0.5I_2$(下面)

3.2.2　应用实例

在这一节，把提出的检验方法应用到 AIDS Clinical Trials Group (ACTG) 175 研究中。数据来源于 R 包“speff2trial”，包含了 2139 个阳性病人。关于这个数据集的详细的描述参见 Hammer 等人(1996)。记 cd496 表示 96 ± 5 周的 CD4 数，cd40 表示真实的 CD4 数，cd80 表示真实的 CD8 数，wtkg 表示体重(单位：千克)。我们感兴趣的是 cd496，cd40，cd80 和 wtkg 之间的关系。令 Y 表示 cd496，$X=(\mathrm{cd40},\mathrm{cd80})^{\mathrm{T}}$，$T=\mathrm{wtkg}$。将 Y，X 和 T 的值除以 100 来降低数量级。由于死亡和溺水，有 37.26%的病人，其 Y 值是缺失的。正如 Hu 和 Follmann(2010)一样，在该例中也假定 Y 是随机缺失的。另外，正如 Huang 和 Wang(2000，2001)和 Yang 等人(2015)一样，cd40 的数值会受到测量误差以及生物昼夜波动的影响。因此，在本节中，假定 cd40 和 cd80 有测量误差。

为了分析这组数据，可采用部分线性测量误差模型(3.0.2)来拟合这组数据。由于 886 个抗逆转录治疗的病人，他们的 cd40 和 cd80 被重复测量，利用这组数据，基于注 3.1.1 中的(c)，可估计 X 的测量误差的协方差阵为$\hat{\Sigma}_{\eta}=\mathrm{diag}(0.8736,5.4251)$。接下来的目的就是调查 $g(T)$是否是某一线性形式。因此，运用提出的检验统计量来检验

$$H_0: g(T)=\theta T,\text{对某一 }\theta=\theta_0 \ vs\ H_1: g(T)\neq\theta T,\text{对任意 }\theta。$$

核函数采用模型(3.2.1)中的核函数，窗宽为 $4\hat{\sigma}(T)n^{-1/3}=0.0412$。由(3.1.2)，得到 β 的估计量$\hat{\beta}=(2.8286,-0.1954)^{\mathrm{T}}$。于是 $g(\cdot)$的非参数估计量为 $\hat{g}(t)=\hat{g}_2(t)-\hat{g}_1^{\mathrm{T}}(t)\hat{\beta}$(见文献 Sun 等人(2009))，$\hat{g}(T)$的图形见图 3-2。

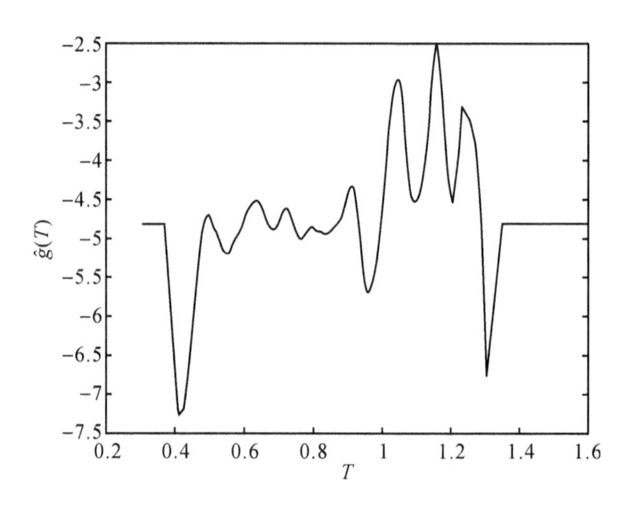

图 3-2　$\hat{g}(T)$的拟合曲线

检验统计量 V_n 和 L_n 的 p 值都是 0，这表明应该拒绝 $g(T)$的线性假设。进一步，由图 3-2 可得，$\hat{g}(T)$显然不是 T 的一个线性函数。

3.3　主要结果的证明

在证明定理之前，先列出一些常规的条件，这些条件已被 Zheng (1996)，Fan 等人(2013)和 Niu 等人(2016)使用过。

(C1) $K(u)$是对称的概率密度函数，有紧支撑。窗宽 h 满足 $nh^{3/2}\to\infty$ 且 $h\to 0$。

(C2) $G(\cdot,\theta)$，$g_1(\cdot)$和 $g_2(\cdot)$满足一阶 Lipschitz 条件。

(C3) 变量 T 有一个有界的支撑 $\boldsymbol{T}$，它的密度函数 $p(t)$有连续的二阶导数且 $0<c_1\leqslant p(t)\leqslant c_2<\infty$。

(C4) $\Delta_t(t)$几乎处处具有有界的二阶导数且 $\inf_t\Delta_t(t)>0$。

(C5) $\sup E(\varepsilon^4 \mid X=x,T=t)<\infty$，$E\|X\|^4<\infty$ 且 $E\|\eta\|^4<\infty$。

(C6) $\Gamma=E[\Delta(X,T)(X-g_1(T))(X-g_1(T))^{\mathrm{T}}]$是正定矩阵。

(C7)测量误差 η 独立同分布，其均值为 0，协方差阵 Σ_η 已知，且与 (X,T,ε) 独立。

(C8)反应变量 Y 是随机缺失的，即在给定 W 和 T 的条件下，δ 与 Y 条件独立。

引理 3.3.1　(Zheng(1996);引理 3.2) 设 $\{z_i\}_{i=1}^n$ 是独立同分布的随机变量序列，$H_n(z_i,z_j)$ 是一个对称的函数，且有

$$G_n(z_1,z_2)=E[H_n(z_3,z_1)H_n(z_3,z_2)\mid z_1,z_2],$$

$$U_n=\frac{1}{n(n-1)}\sum_{i=1}^n\sum_{j\neq i}^n H_n(z_i,z_j)。$$

假设 $E[H_n(z_1,z_2)\mid z_1]=0$, a. s. 且对每一个 n, $E[H_n^2(z_1,z_2)]<\infty$。若

$$E[G_n^2(z_1,z_2)+n^{-1}E\{H_n^4(z_1,z_2)\}]/[E\{H_n^2(z_1,z_2)\}]^2\to 0,$$

则当 $n\to\infty$ 时，$nU_n/[E\{H_n^2(z_i,z_j)\}]^{1/2}\xrightarrow{d}N(0,1)$。

引理 3.3.2　假设条件(C1)—(C6)成立。则当 $n\to\infty$，有

$$\frac{1}{n}\sum_{i=1}^n\delta_i(w_i-\hat{g}_1(t_i))(w_i-\hat{g}_1(t_i))^{\mathrm{T}}\xrightarrow{p}\Gamma$$

证明　由 w_i 的定义，可得

$$\frac{1}{n}\sum_{i=1}^n\delta_i(w_i-\hat{g}_1(t_i))(w_i-\hat{g}_1(t_i))^{\mathrm{T}}$$

$$=\frac{1}{n}\sum_{i=1}^n\delta_i(x_i-\hat{g}_1(t_i))(x_i-\hat{g}_1(t_i))^{\mathrm{T}}+\frac{1}{n}\sum_{i=1}^n\delta_i(x_i-\hat{g}_1(t_i))\eta_i^{\mathrm{T}}$$

$$+\frac{1}{n}\sum_{i=1}^n\delta_i\eta_i(x_i-\hat{g}_1(t_i))^{\mathrm{T}}+\frac{1}{n}\sum_{i=1}^n\delta_i(\eta_i\eta_i^{\mathrm{T}}-\Sigma_\eta)。$$

由 Markov's 不等式，可得 $\frac{1}{n}\sum_{i=1}^n\delta_i(x_i-\hat{g}_1(t_i))\eta_i^{\mathrm{T}}\xrightarrow{p}0$，$\frac{1}{n}\sum_{i=1}^n\delta_i\eta_i(x_i-\hat{g}_1(t_i))^{\mathrm{T}}\xrightarrow{p}0$，$\frac{1}{n}\sum_{i=1}^n\delta_i(\eta_i\eta_i^{\mathrm{T}}-\Sigma_\eta)\xrightarrow{p}0$ 且 $\frac{1}{n}\sum_{i=1}^n\delta_i(x_i-\hat{g}_1(t_i))(x_i-\hat{g}_1(t_i))^{\mathrm{T}}\xrightarrow{p}\Gamma$。引理 3.3.2 得证。

引理 3.3.3　若条件(C1)—(C6)成立，则

$$\sqrt{n}(\hat{\beta}-\beta)=\frac{\Gamma^{-1}}{\sqrt{n}}\sum_{i=1}^{n}\delta_i[(x_i+\eta_i-g_1(t_i))(\varepsilon_i-\eta_i^{\mathrm{T}}\beta)+\Sigma_\eta\beta]+o_p(1)$$

证明 在原假设下，易得

$$\begin{aligned}\sqrt{n}(\hat{\beta}-\beta)=&\left\{\frac{1}{n}\sum_{i=1}^{n}\delta_i(x_i-\hat{g}_1(t_i))(x_i-\hat{g}_1(t_i))^{\mathrm{T}}+\frac{1}{n}\sum_{i=1}^{n}\delta_i(x_i-\hat{g}_1(t_i))\eta_i^{\mathrm{T}}\right.\\&\left.+\frac{1}{n}\sum_{i=1}^{n}\delta_i\eta_i(x_i-\hat{g}_1(t_i))^{\mathrm{T}}+\frac{1}{n}\sum_{i=1}^{n}\delta_i(\eta_i\eta_i^{\mathrm{T}}-\Sigma_\eta)\right\}^{-1}\\&\cdot\frac{1}{\sqrt{n}}\sum_{i=1}^{n}\delta_i[(x_i+\eta_i-\hat{g}_1(t_i))\{y_i-\hat{g}_2(t_i)-(x_i+\eta_i-\hat{g}_1(t_i))^{\mathrm{T}}\beta\}+\Sigma_\eta\beta]\\=&\frac{\Gamma^{-1}}{\sqrt{n}}\sum_{i=1}^{n}\delta_i[(x_i+\eta_i-g_1(t_i))\{y_i-x_i^{\mathrm{T}}\beta-G(t_i,\theta_0)-\eta_i^{\mathrm{T}}\beta\}+\Sigma_\eta\beta]+o_p(1)\\=&\frac{\Gamma^{-1}}{\sqrt{n}}\sum_{i=1}^{n}\delta_i[(x_i+\eta_i-g_1(t_i))(\varepsilon_i-\eta_i^{\mathrm{T}}\beta)+\Sigma_\eta\beta]+o_p(1)\text{。}\end{aligned}$$

类似地，在备择假设下，有

$$\begin{aligned}\sqrt{n}(\hat{\beta}-\beta)=&\frac{\Gamma^{-1}}{\sqrt{n}}\sum_{i=1}^{n}\delta_i(x_i+\eta_i-g_1(t_i))\{y_i-x_i^{\mathrm{T}}\beta-G(t_i,\theta_0)-a_nH(t_i)-\eta_i^{\mathrm{T}}\beta\}+o_p(1)\\=&\frac{\Gamma^{-1}}{\sqrt{n}}\sum_{i=1}^{n}\delta_i[(x_i+\eta_i-g_1(t_i))(\varepsilon_i-\eta_i^{\mathrm{T}}\beta)+\Sigma_\eta\beta]+o_p(1)\text{。}\end{aligned}$$

因此，引理 3.3.3 可证。

引理 3.3.4 (Niu et al.，2016) 在条件(C1)—(C6)和原假设(3.0.3)下，有

$$\frac{1}{n(n-1)}\sum_{i=1}^{n}\sum_{j\neq i}^{n}\frac{\delta_i}{\Delta_t(t_i)}\frac{\delta_j}{\Delta_t(t_j)}K_h(t_i-t_j)e_iM(u_j)=O_p(1/\sqrt{n}),$$

$$\frac{1}{n(n-1)}\sum_{i=1}^{n}\sum_{j\neq i}^{n}\frac{\delta_i}{\Delta_t(t_i)}\frac{\delta_j}{\Delta_t(t_j)}K_h(t_i-t_j)M(u_i)M(u_j)=O_p(1),$$

其中 U 可以是 X 或 T，$M(\cdot)$ 是连续可微的，$\|M(\cdot)\|\leqslant b(\cdot)$ 且 $E\{b^2(\cdot)\}<\infty$。

引理 3.3.5 若条件(C1)—(C6)成立，则在原假设(3.0.3)下

$$\begin{aligned}\sqrt{n}(\hat{\theta}-\theta_0)=\Gamma_1^{-1}&\left\{\frac{1}{\sqrt{n}}\sum_{j=1}^{n}G'(t_j,\theta_0)\frac{\delta_j(\varepsilon_j-\eta_j^{\mathrm{T}}\beta)}{\Delta_t(t_j)}\right.\\&\left.-E\{G'(T,\theta_0)g_1(T)^{\mathrm{T}}\}\sqrt{n}(\hat{\beta}-\beta)\right\}+o_p(1),\end{aligned}$$

在局部备择假设(3.1.9)下

$$\sqrt{n}(\hat{\theta}-\theta_0)=\Gamma_1^{-1}\left\{\frac{1}{\sqrt{n}}\sum_{j=1}^{n}G'(t_j,\theta_0)\frac{\delta_j(\xi_j-\eta_j^{\mathrm{T}}\beta)}{\Delta_t(t_j)}-E\{G'(T,\theta_0)g_1(T)^{\mathrm{T}}\}\right.$$

$$\left.\cdot\sqrt{n}(\hat{\beta}-\beta)\right\}+\Gamma_1^{-1}a_n\sqrt{n}E\{G'(T,\theta_0)^{\mathrm{T}}H(T)\}+o_p(1),$$

其中 θ_0 是 θ 的真值，$G'(T,\theta_0)=\partial G(T,\theta_0)/\partial\theta$ 且 $\Gamma_1=E\{G'(T,\theta_0)G'(T,\theta_0)^{\mathrm{T}}\}$。

证明　基于(3.1.4)，可得

$$0=\sum_{i=1}^{n}G'(t_i,\hat{\theta})\{\hat{R}_i-G(t_i,\hat{\theta})\}$$

$$=\sum_{i=1}^{n}G'(t_i,\hat{\theta})\{\hat{R}_i-G(t_i,\theta_0)-(G(t_i,\hat{\theta})-G(t_i,\theta_0))\}$$

$$=\sum_{i=1}^{n}G'(t_i,\hat{\theta})\{\hat{R}_i-G(t_i,\theta_0)-G'(t_i,\hat{\theta})^{\mathrm{T}}(\hat{\theta}-\theta_0)\}。$$

根据 Γ_1 的定义，可推出

$$\sqrt{n}(\hat{\theta}-\theta_0)=[E\{G'(T,\theta_0)G'(T,\theta_0)^{\mathrm{T}}\}]^{-1}\frac{1}{\sqrt{n}}\sum_{i=1}^{n}G'(t_i,\theta_0)\{\hat{R}_i-G(t_i,\theta_0)\}+o_p(1)$$

$$:=\Gamma_1^{-1}I_n+o_p(1)。$$

在原假设下，

$$I_n=\frac{1}{\sqrt{n}}\sum_{i=1}^{n}G'(t_i,\theta_0)\{\hat{R}_i-R_i\}+\frac{1}{\sqrt{n}}\sum_{i=1}^{n}G'(t_i,\theta_0)\{R_i-G(t_i,\theta_0)\}$$

$$:=I_{n1}+I_{n2}。$$

对 I_{n1} 变形，可得

$$I_{n1}=-\frac{1}{\sqrt{n}}\sum_{i=1}^{n}G'(t_i,\theta_0)\delta_i(x_i+\eta_i)^{\mathrm{T}}(\hat{\Delta}_t(t_i)^{-1}\hat{\beta}-\Delta_t(t_i)^{-1}\beta)$$

$$+\frac{1}{\sqrt{n}}\sum_{i=1}^{n}G'(t_i,\theta_0)(\hat{\Delta}_t(t_i)^{-1}-\Delta_t(t_i)^{-1})\delta_i y_i$$

$$:=-I_{n11}+I_{n12}。$$

注意到 $\hat{\Delta}(t_i)=\frac{1}{n-1}\sum_{j\neq i}^{n}\delta_jK_h(t_i-t_j)$，$\hat{p}(t_i)=\frac{1}{n-1}\sum_{j\neq i}^{n}K_h(t_i-t_j)$。

结合 Xu 等人(2012)中引理 2 的证明方法，有

$$I_{n11}=\left\{\frac{1}{n}\sum_{i=1}^{n}G'(t_i,\theta_0)\Delta_t(t_i)^{-1}\delta_i(x_i+\eta_i)^{\mathrm{T}}\right\}\sqrt{n}(\hat{\beta}-\beta)$$

$$-\frac{1}{\sqrt{n}}\sum_{i=1}^{n}G'(t_i,\theta_0)\Delta_t(t_i)^{-1}(\hat{\Delta}_t(t_i)-\Delta_t(t_i))\Delta_t(t_i)^{-1}\delta_i(x_i+\eta_i)^{\mathrm{T}}\beta+o_p(1)$$

$$=E\{G'(T,\theta_0)g_1(T)^{\mathrm{T}}\}\sqrt{n}(\hat{\beta}-\beta)+\frac{1}{\sqrt{n}}\sum_{j=1}^{n}G'(t_j,\theta_0)g_1(t_j)^{\mathrm{T}}\beta\{1-\Delta_t(t_j)^{-1}\delta_j\}$$

$$-\frac{1}{\sqrt{n}}\sum_{j=1}^{n}G'(t_j,\theta_0)\Delta_t(t_j)^{-2}\delta_jE(\delta\eta\mid t_j)\beta$$

$$+\frac{1}{\sqrt{n}}\sum_{j=1}^{n}G'(t_j,\theta_0)\Delta_t(t_j)^{-1}E(\delta\eta\mid t_j)\beta+o_p(1)$$

$$=E\{G'(T,\theta_0)g_1(T)^{\mathrm{T}}\}\sqrt{n}(\hat{\beta}-\beta)+\frac{1}{\sqrt{n}}\sum_{j=1}^{n}G'(t_j,\theta_0)g_1(t_j)^{\mathrm{T}}\beta\{1-\Delta_t(t_j)^{-1}\delta_j\}$$

$$+o_p(1)。$$

其中

$$-\frac{1}{\sqrt{n}}\sum_{i=1}^{n}G'(t_i,\theta_0)\Delta_t(t_i)^{-1}(\hat{\Delta}_t(t_i)-\Delta_t(t_i))\Delta_t(t_i)^{-1}\delta_ix_i^{\mathrm{T}}\beta$$

$$=-\frac{1}{\sqrt{n}}\sum_{i=1}^{n}G'(t_i,\theta_0)\Delta_t(t_i)^{-2}p(t_i)^{-1}\hat{\Delta}(t_i)\delta_ix_i^{\mathrm{T}}\beta$$

$$+\frac{1}{\sqrt{n}}\sum_{i=1}^{n}G'(t_i,\theta_0)\Delta_t(t_i)^{-2}p(t_i)^{-2}\hat{p}(t_i)\Delta(t_i)\delta_ix_i^{\mathrm{T}}\beta+o_p(1)$$

$$=-\frac{1}{\sqrt{n}}\sum_{i=1}^{n}G'(t_i,\theta_0)\Delta_t(t_i)^{-2}p(t_i)^{-1}\left\{\frac{1}{n}\sum_{j=1}^{n}\delta_jK_h(t_i-t_j)\right\}\delta_ix_i^{\mathrm{T}}\beta$$

$$+\frac{1}{\sqrt{n}}\sum_{i=1}^{n}G'(t_i,\theta_0)\Delta_t(t_i)^{-2}p(t_i)^{-2}\left\{\frac{1}{n}\sum_{j=1}^{n}K_h(t_i-t_j)\right\}\Delta(t_i)\delta_ix_i^{\mathrm{T}}\beta+o_p(1)$$

$$=-\frac{1}{\sqrt{n}}\sum_{j=1}^{n}G'(t_j,\theta_0)\Delta_t(t_j)^{-2}\delta_jE(\delta X\mid t_j)^{\mathrm{T}}\delta_jx_j^{\mathrm{T}}\beta$$

$$+\frac{1}{\sqrt{n}}\sum_{j=1}^{n}G'(t_j,\theta_0)\Delta_t(t_j)^{-2}p(t_j)^{-1}E(\delta X\mid t_j)^{\mathrm{T}}\Delta(t_j)\delta_jx_j^{\mathrm{T}}\beta+o_p(1)$$

$$=\frac{1}{\sqrt{n}}\sum_{j=1}^{n}G'(t_j,\theta_0)g_1(t_j)^{\mathrm{T}}\beta\{1-\Delta_t(t_j)^{-1}\delta_j\}+o_p(1)$$

类似的，$I_{n12}=\frac{1}{\sqrt{n}}\sum_{j=1}^{n}G'(t_j,\theta_0)g_2(t_j)\{1-\Delta_t(t_j)^{-1}\delta_j\}$。

由上述结果可得

$$I_{n1}=\frac{1}{\sqrt{n}}\sum_{j=1}^{n}G'(t_j,\theta_0)(g_2(t_j)-g_1(t_j)^{\mathrm{T}}\beta)\{1-\Delta_t(t_j)^{-1}\delta_j\}$$

$$-E\{G'(T,\theta_0)g_1(T)^{\mathrm{T}}\}\sqrt{n}(\hat{\beta}-\beta)+o_p(1),$$

$$I_n=\frac{1}{\sqrt{n}}\sum_{j=1}^{n}G'(t_j,\theta_0)(g_2(t_j)-g_1(t_j)^{\mathrm{T}}\beta)\{1-\Delta_t(t_j)^{-1}\delta_j\}$$

$$-E\{G'(T,\theta_0)g_1(T)^{\mathrm{T}}\}\sqrt{n}(\hat{\beta}-\beta)+\frac{1}{\sqrt{n}}\sum_{i=1}^{n}G'(t_i,\theta_0)\{R_i-G(t_i,\theta_0)\}+o_p(1)。$$

因此，在原假设下，可得

$$\sqrt{n}(\hat{\theta}-\theta_0)=\Gamma_1^{-1}\left\{\frac{1}{\sqrt{n}}\sum_{j=1}^{n}G'(t_j,\theta_0)\frac{\delta_j(\varepsilon_j-\eta_j^{\mathrm{T}}\beta)}{\Delta_t(t_j)}-E\{G'(T,\theta_0)g_1(T)^{\mathrm{T}}\}\sqrt{n}(\hat{\beta}-\beta)\right\}$$

$$+o_p(1)。$$

局部备择假设下的证明是类似的，这里略去。引理 3.3.5 得证。

定理 3.1.1 的证明　在原假设下，且注意到$\hat{e}_i=e_i-x_i^{\mathrm{T}}(\hat{\beta}-\beta)-\eta_i^{\mathrm{T}}\hat{\beta}-(G(t_i,\hat{\theta})-G(t_i,\theta_0))$，$V_n$ 可被分解为

$$V_n=\frac{1}{n(n-1)}\sum_{i=1}^{n}\sum_{j\neq i}^{n}\delta_i\delta_jK_h(t_i-t_j)\hat{e}_i\hat{e}_j=\frac{1}{n(n-1)}\sum_{i=1}^{n}\sum_{j\neq i}^{n}\delta_i\delta_jK_h(t_i-t_j)e_ie_j$$

$$-\frac{2}{n(n-1)}\sum_{i=1}^{n}\sum_{j\neq i}^{n}\delta_i\delta_jK_h(t_i-t_j)e_ix_j^{\mathrm{T}}(\hat{\beta}-\beta)$$

$$-\frac{2}{n(n-1)}\sum_{i=1}^{n}\sum_{j\neq i}^{n}\delta_i\delta_jK_h(t_i-t_j)e_i\eta_j^{\mathrm{T}}\hat{\beta}$$

$$-\frac{2}{n(n-1)}\sum_{i=1}^{n}\sum_{j\neq i}^{n}\delta_i\delta_jK_h(t_i-t_j)e_i(G(t_j,\hat{\theta})-G(t_j,\theta_0))$$

$$+\frac{1}{n(n-1)}\sum_{i=1}^{n}\sum_{j\neq i}^{n}\delta_i\delta_jK_h(t_i-t_j)(\hat{\beta}-\beta)^{\mathrm{T}}x_ix_j^{\mathrm{T}}(\hat{\beta}-\beta)$$

$$+\frac{2}{n(n-1)}\sum_{i=1}^{n}\sum_{j\neq i}^{n}\delta_i\delta_jK_h(t_i-t_j)(\hat{\beta}-\beta)^{\mathrm{T}}x_i\eta_j^{\mathrm{T}}\hat{\beta}$$

$$+\frac{2}{n(n-1)}\sum_{i=1}^{n}\sum_{j\neq i}^{n}\delta_i\delta_j K_h(t_i-t_j)x_i^{\mathrm{T}}(\hat{\beta}-\beta)(G(t_j,\hat{\theta})-G(t_j,\theta_0))$$

$$+\frac{1}{n(n-1)}\sum_{i=1}^{n}\sum_{j\neq i}^{n}\delta_i\delta_j K_h(t_i-t_j)\hat{\beta}^{\mathrm{T}}\eta_i\eta_j^{\mathrm{T}}\hat{\beta}$$

$$+\frac{2}{n(n-1)}\sum_{i=1}^{n}\sum_{j\neq i}^{n}\delta_i\delta_j K_h(t_i-t_j)\eta_i^{\mathrm{T}}\hat{\beta}(G(t_j,\hat{\theta})-G(t_j,\theta_0))$$

$$+\frac{1}{n(n-1)}\sum_{i=1}^{n}\sum_{j\neq i}^{n}\delta_i\delta_j K_h(t_i-t_j)(G(t_i,\hat{\theta})-G(t_i,\theta_0))(G(t_j,\hat{\theta})-G(t_j,\theta_0))$$

$$:=V_{n1}-2V_{n2}-2V_{n3}-2V_{n4}+V_{n5}+2V_{n6}+2V_{n7}+V_{n8}+2V_{n9}+V_{n10}。$$

V_{n1}可写作U统计量的形式

$$H_n(z_i,z_j)=\delta_i\delta_j K_h(t_i-t_j)e_ie_j, \tag{3.3.1}$$

其中$z_i=(\delta_i,y_i,w_i^{\mathrm{T}},t_i),i=1,\cdots,n$。$\{z_i\}$是独立同分布的样本。在原假设下，由于$E[H_n(z_1,z_2)\mid z_1]=0$，$V_{n1}$是一个退化的统计量。类似于Zheng(1996)中的引理3.3a的证明过程，可得

$$nh^{\frac{1}{2}}V_{n1}\xrightarrow{d}N(0,\Sigma_V)。\tag{3.3.2}$$

对V_{n2}，有

$$V_{n2}=(\hat{\beta}-\beta)^{\mathrm{T}}\frac{1}{n(n-1)}\sum_{i=1}^{n}\sum_{j\neq i}^{n}\delta_i\delta_j K_h(t_i-t_j)e_ix_j:=(\hat{\beta}-\beta)^{\mathrm{T}}V_{n21}。$$

引理3.3.3和引理3.3.4表明：$\hat{\beta}-\beta=O_p(1/\sqrt{n})$且$V_{n21}=O_p(1/\sqrt{n})$。因此，可得

$$nh^{\frac{1}{2}}V_{n2}=O_p(h^{\frac{1}{2}})=o_p(1)。\tag{3.3.3}$$

与文献Liang等人(1999)中的引理A.6类似，有

$$\sum_{i=1}^{n}\sum_{j\neq i}^{n}\delta_i\delta_j K_h(t_i-t_j)e_i\eta_j=o_p(\sqrt{n}),\hat{\beta}\xrightarrow{p}\beta。$$

因此，可得

$$nh^{\frac{1}{2}}V_{n3}=O_p(n^{-\frac{1}{2}}h^{\frac{1}{2}})=o_p(1)。$$

对V_{n4}，有

$$V_{n4}=\frac{1}{n(n-1)}\sum_{i=1}^{n}\sum_{j\neq i}^{n}\delta_i\delta_j K_h(t_i-t_j)e_i\frac{\partial G(t_j,\theta_0)}{\partial\theta^{\mathrm{T}}}(\hat{\theta}-\theta_0)$$

$$+(\hat{\theta}-\theta_0)^{\mathrm{T}}\frac{2}{n(n-1)}\sum_{i=1}^{n}\sum_{j\neq i}^{n}\delta_i\delta_j K_h(t_i-t_j)e_i\frac{\partial^2 G(t_j,\tilde{\theta}_1)}{\partial\theta\partial\theta^{\mathrm{T}}}(\hat{\theta}-\theta_0),$$

其中$\tilde{\theta}_1$在$\hat{\theta}$与θ_0之间。由引理3.3.4和3.3.5，可得

$$nh^{\frac{1}{2}}V_{n4}=O_p(h^{\frac{1}{2}})=o_p(1)。\qquad(3.3.5)$$

类似，易得$nh^{\frac{1}{2}}V_{nk}=o_p(1),k=5,\cdots,10$。基于上述结果，可推出

$$nh^{\frac{1}{2}}V_n\to N(0,\Sigma_V)。$$

基于U统计量理论，接下来证明$\hat{\Sigma}_V$的相合性。由$\hat{\Sigma}_V$的定义和(3.3.2)—(3.3.5)及引理3.3.1，可得

$$\hat{\Sigma}_V=\frac{2}{n(n-1)}\sum_{i=1}^{n}\sum_{j\neq i}^{n}\frac{1}{h}\delta_i\delta_j K^2\left(\frac{t_i-t_j}{h}\right)e_i^2e_j^2+o_p(1)。$$

由条件(C1)和(C5)，可推出

$$\begin{aligned}
&E\left\{\frac{1}{h^2}\delta_i\delta_j K^4\left(\frac{t_i-t_j}{h}\right)e_i^4e_j^4\right\}\\
&=\frac{1}{h^2}\iint K^4\left(\frac{t_i-t_j}{h}\right)\{\sigma^2(t_i)+\beta^{\mathrm{T}}\Sigma_\eta\beta\}^2\{\sigma^2(t_j)+\beta^{\mathrm{T}}\Sigma_\eta\beta\}^2p(t_i)p(t_j)\mathrm{d}t_i\mathrm{d}t_j\\
&=\frac{1}{h}\iint K^4(u)\{\sigma^2(t_i)+\beta^{\mathrm{T}}\Sigma_\eta\beta\}^2\{\sigma^2(t_i-hu)+\beta^{\mathrm{T}}\Sigma_\eta\beta\}^2p(t_i)p(t_i-hu)\mathrm{d}t_i\mathrm{d}u\\
&=\frac{1}{h}\iint K^4(u)\{\sigma^2(x)+\beta^{\mathrm{T}}\Sigma_\eta\beta\}^4p^2(x)\mathrm{d}x\mathrm{d}u+o\left(\frac{1}{h}\right)=O(h^{-1})=o(n)。
\end{aligned}$$

根据U统计量理论和引理3.3.1，可得

$$\begin{aligned}
\hat{\Sigma}_V&=2E\left[\frac{1}{h}\delta_i\delta_j K^2\left(\frac{t_i-t_j}{h}\right)e_i^2e_j^2\right]+o_p(1)\\
&=2\int K^2(u)\mathrm{d}u\int\{\sigma^2(x)+\beta^{\mathrm{T}}\Sigma_\eta\beta\}^2p^2(x)\mathrm{d}x+o_p(1)\\
&\to\Sigma_V。
\end{aligned}$$

同理可证L_n的渐近性，定理3.1.1得证。

定理3.1.2的证明 在局部备择假设(3.1.9)下，且注意到$e_i=a_nH(t_i)+\xi_i$，V_n可被分解为

$$V_n = \frac{1}{n(n-1)}\sum_{i=1}^{n}\sum_{j\neq i}^{n}\delta_i\delta_j K_h(t_i-t_j)e_ie_j$$

$$-\frac{2}{n(n-1)}\sum_{i=1}^{n}\sum_{j\neq i}^{n}\delta_i\delta_j K_h(t_i-t_j)e_i\{x_j^{\mathrm{T}}(\hat{\beta}-\beta)+\eta_j^{\mathrm{T}}\hat{\beta}+(G(t_j,\hat{\theta})-G(t_j,\theta_0))\}$$

$$+\frac{1}{n(n-1)}\sum_{i=1}^{n}\sum_{j\neq i}^{n}\delta_i\delta_j K_h(t_i-t_j)\{x_i^{\mathrm{T}}(\hat{\beta}-\beta)+\eta_i^{\mathrm{T}}\hat{\beta}+(G(t_i,\hat{\theta})-G(t_i,\theta_0))\}$$

$$\cdot\{x_j^{\mathrm{T}}(\hat{\beta}-\beta)+\eta_j^{\mathrm{T}}\hat{\beta}+(G(t_j,\hat{\theta})-G(t_j,\theta_0))\}$$

$$:= S_{n1}-2S_{n2}+S_{n3}$$

对 S_{n1}，它可被分为

$$S_{n1} = \frac{1}{n(n-1)}\sum_{i=1}^{n}\sum_{j\neq i}^{n}\delta_i\delta_j K_h(t_i-t_j)\xi_i\xi_j$$

$$+2a_n\frac{1}{n(n-1)}\sum_{i=1}^{n}\sum_{j\neq i}^{n}\delta_i\delta_j K_h(t_i-t_j)H(t_i)\xi_j$$

$$+a_n^2\frac{1}{n(n-1)}\sum_{i=1}^{n}\sum_{j\neq i}^{n}\delta_i\delta_j K_h(t_i-t_j)H(t_i)H(t_j)$$

$$:= S_{n1,1}+2a_nS_{n1,2}+a_n^2S_{n1,3}\text{。}$$

类似(3.3.2)，可得 $nh^{\frac{1}{2}}S_{n1,1}\xrightarrow{d}N(0,\Sigma_V)$。

由引理3.3.4，我们发现 $S_{n1,2}=O_p(n^{-\frac{1}{2}})$ 且 $S_{n1,3}=E[H^2(T)\Delta_t^2(T)p(T)]+o_p(1)$。因此，当 $a_n=n^{-\frac{1}{2}}h^{-\frac{1}{4}}$，有

$$nh^{\frac{1}{2}}S_{n1}\xrightarrow{d}N(\mu_{1,1},\Sigma_V),\tag{3.3.6}$$

其中 $\mu_{1,1}=E[H^2(T)\Delta_t^2(T)p(T)]$。对 S_{n2}，我们有

$$S_{n2} = a_n\frac{1}{n(n-1)}\sum_{i=1}^{n}\sum_{j\neq i}^{n}\delta_i\delta_j K_h(t_i-t_j)H(t_i)x_j^{\mathrm{T}}(\hat{\beta}-\beta)$$

$$+\frac{1}{n(n-1)}\sum_{i=1}^{n}\sum_{j\neq i}^{n}\delta_i\delta_j K_h(t_i-t_j)\xi_ix_j^{\mathrm{T}}(\hat{\beta}-\beta)$$

$$+a_n\frac{1}{n(n-1)}\sum_{i=1}^{n}\sum_{j\neq i}^{n}\delta_i\delta_j K_h(t_i-t_j)H(t_i)\eta_j^{\mathrm{T}}\hat{\beta}$$

$$+\frac{1}{n(n-1)}\sum_{i=1}^{n}\sum_{j\neq i}^{n}\delta_i\delta_j K_h(t_i-t_j)\xi_i\eta_j^{\mathrm{T}}\hat{\beta}$$

$$+a_n\frac{1}{n(n-1)}\sum_{i=1}^{n}\sum_{j\neq i}^{n}\delta_i\delta_jK_h(t_i-t_j)H(t_i)\frac{\partial G(t_j,\tilde{\theta}_6)}{\partial\theta^{\mathrm{T}}}(\hat{\theta}-\theta_0)$$

$$+\frac{1}{n(n-1)}\sum_{i=1}^{n}\sum_{j\neq i}^{n}\delta_i\delta_jK_h(t_i-t_j)\xi_i\frac{\partial G(t_j,\tilde{\theta}_6)}{\partial\theta^{\mathrm{T}}}(\hat{\theta}-\theta_0)$$

$$:=a_nS_{n2,1}(\hat{\beta}-\beta)+S_{n2,2}(\hat{\beta}-\beta)+a_nS_{n2,3}\hat{\beta}+S_{n2,4}\hat{\beta}+a_nS_{n2,5}(\hat{\theta}-\theta_0)+S_{n2,6}(\hat{\theta}-\theta_0)。$$

由引理 3. 3. 4，发现 $S_{n2,1}=O_p(1),S_{n2,2}=O_p(n^{-\frac{1}{2}}),S_{n2,3}=O_p(n^{-\frac{1}{2}})$。与文献 Liang 等人(1999)中的引理 A. 6 的证明类似，可推出

$$S_{n2,4}=O_p(n^{-\frac{3}{2}}),S_{n2,5}=E[p(T)\Delta_t^2(T)G'(T,\theta_0)H(T)],S_{n2,6}=O_p(n^{-\frac{1}{2}})。$$

于是由引理 3. 3. 3，当 $a_n=n^{-\frac{1}{2}}h^{-\frac{1}{4}}$，可得

$$\begin{aligned}S_{n2}=&O_p(n^{-1}h^{-\frac{1}{4}})+O_p(n^{-1})+o_p(n^{-\frac{3}{2}})\\&+a_nE[p(T)\Delta_t^2(T)G'(T,\theta_0)H(T)](\hat{\theta}-\theta_0)\\&+O_p(n^{-\frac{1}{2}})(\hat{\theta}-\theta_0)。\end{aligned}$$

由引理 3. 3. 5，在备择假设下，可得 $\hat{\theta}-\theta_0=O_p(n^{-\frac{1}{2}})+\Gamma_1^{-1}a_nE[G'(T,\theta_0)H(T)]$。因此，

$$nh^{\frac{1}{2}}S_{n2}=E[p(T)\Delta_t^2(T)G'(T,\theta_0)H(T)]\Gamma_1^{-1}E[G'(T,\theta_0)H(T)]+o_p(1)。\tag{3.3.7}$$

对 S_{n3}，在局部备择假设下，通过一些计算，可得

$$\begin{aligned}nh^{\frac{1}{2}}S_{n3}=&E\{G'(T,\theta_0)H(T)\}^{\mathrm{T}}\Gamma_1^{-1}E\{\Delta_t^2(T)p(T)G'(T,\theta_0)G'(T,\theta_0)^{\mathrm{T}}\}\\&\cdot\Gamma_1^{-1}E\{G'(T,\theta_0)H(T)\}+o_p(1)。\end{aligned}\tag{3.3.8}$$

$$\begin{aligned}S_{n3}=&(\hat{\beta}-\beta)^{\mathrm{T}}\frac{1}{n(n-1)}\sum_{i=1}^{n}\sum_{j\neq i}^{n}\delta_i\delta_jK_h(t_i-t_j)x_ix_j^{\mathrm{T}}(\hat{\beta}-\beta)\\&+(\hat{\beta}-\beta)^{\mathrm{T}}\frac{2}{n(n-1)}\sum_{i=1}^{n}\sum_{j\neq i}^{n}\delta_i\delta_jK_h(t_i-t_j)x_i\eta_j^{\mathrm{T}}\hat{\beta}\\&+(\hat{\beta}-\beta)^{\mathrm{T}}\frac{2}{n(n-1)}\sum_{i=1}^{n}\sum_{j\neq i}^{n}\delta_i\delta_jK_h(t_i-t_j)x_i\frac{\partial G'(t_j,\tilde{\theta}_7)}{\partial\theta^{\mathrm{T}}}(\hat{\theta}-\theta_0)\\&+\hat{\beta}^{\mathrm{T}}\frac{2}{n(n-1)}\sum_{i=1}^{n}\sum_{j\neq i}^{n}\delta_i\delta_jK_h(t_i-t_j)\eta_i\frac{\partial G'(t_j,\tilde{\theta}_7)}{\partial\theta^{\mathrm{T}}}(\hat{\theta}-\theta_0)\end{aligned}$$

$$+\hat{\beta}^{\mathrm{T}}\frac{1}{n(n-1)}\sum_{i=1}^{n}\sum_{j\neq i}^{n}\delta_i\delta_jK_h(t_i-t_j)\eta_i\eta_j^{\mathrm{T}}\hat{\beta}$$

$$+(\hat{\theta}-\theta_0)^{\mathrm{T}}\frac{1}{n(n-1)}\sum_{i=1}^{n}\sum_{j\neq i}^{n}\delta_i\delta_jK_h(t_i-t_j)\frac{\partial G'(t_i,\tilde{\theta}_8)}{\partial\theta^{\mathrm{T}}}\frac{\partial G'(t_j,\tilde{\theta}_9)}{\partial\theta}(\hat{\theta}-\theta_0)$$

$$:=(\hat{\beta}-\beta)^{\mathrm{T}}S_{n3,1}(\hat{\beta}-\beta)^{\mathrm{T}}+2(\hat{\beta}-\beta)^{\mathrm{T}}S_{n3,2}\hat{\beta}+2(\hat{\beta}-\beta)^{\mathrm{T}}S_{n3,3}(\hat{\theta}-\theta_0)$$

$$+2\hat{\beta}^{\mathrm{T}}S_{n3,4}(\hat{\theta}-\theta_0)+\hat{\beta}^{\mathrm{T}}S_{n3,5}\hat{\beta}+(\hat{\theta}-\theta_0)^{\mathrm{T}}S_{n3,6}(\hat{\theta}-\theta_0),$$

其中$\tilde{\theta}_7$,$\tilde{\theta}_8$ 和$\tilde{\theta}_9$ 在$\hat{\theta}$和θ_0之间。根据引理 3.3.4，可得 $S_{n3,1}=O_p(1)$，$S_{n3,2}=O_p(n^{-\frac{1}{2}})$，$S_{n3,3}=O_p(1)$，$S_{n3,4}=O_p(n^{-\frac{1}{2}})$，$S_{n3,6}=E\{\Delta_t^2(T)p(T)G'(T,\theta_0)G'(T,\theta_0)^{\mathrm{T}}\}$。与文献 Liang 等人(1999)中的引理 A.6 的证明类似，可得 $S_{n3,5}=O_p(n^{-\frac{3}{2}})$。于是，在局部备择假设下，可得

$$nh^{\frac{1}{2}}S_{n3}=nh^{\frac{1}{2}}[O_p(n^{-1})+O_p(n^{-1})+O_p(n^{-\frac{1}{2}})(\hat{\theta}-\theta_0)+O_p(n^{-\frac{1}{2}})(\hat{\theta}-\theta_0)$$

$$+O_p(n^{-\frac{3}{2}})+(\hat{\theta}-\theta_0)E\{\Delta_t^2(T)p(T)G'(T,\theta_0)G'(T,\theta_0)^{\mathrm{T}}\}(\hat{\theta}-\theta_0)]$$

$$=nh^{\frac{1}{2}}(\hat{\theta}-\theta_0)^{\mathrm{T}}E\{\Delta_t^2(T)p(T)G'(T,\theta_0)G'(T,\theta_0)^{\mathrm{T}}\}(\hat{\theta}-\theta_0)+o_p(a_n^2)$$

$$=E\{G'(T,\theta_0)H(T)\}^{\mathrm{T}}\Gamma_1^{-1}E\{\Delta_t^2(T)p(T)G'(T,\theta_0)G'(T,\theta_0)^{\mathrm{T}}\}$$

$$\cdot\Gamma_1^{-1}E\{G'(T,\theta_0)H(T)\}+o_p(1)。\qquad(3.3.9)$$

因此，结合(3.3.6)—(3.3.9)，在局部备择假设(3.1.9)下，我们有 $nh^{\frac{1}{2}}V_n\xrightarrow{d}\mathrm{N}(\mu_1,\Sigma_V)$。$L_n$ 的渐近性类似可得，定理 3.1.2 得证。

第四章　随机截断数据下部分线性模型的分位数回归和变量选择

本章的目的是把 Zhou(2011)在随机左截断数据下的线性分位数回归模型推广到部分线性分位数回归模型，并且借助三阶段估计过程，给出参数和非参数的分位数估计量。进一步，我们使用惩罚方法来建立一个简洁且稳健的模型，获得惩罚估计量的 oracle 性质。具体地，对一个给定的 τ $(0<\tau<1)$，左截断数据下部分线性分位数回归模型为

$$Y=X^{\mathrm{T}}\beta_\tau+g_\tau(W)+\varepsilon_\tau, \tag{4.0.1}$$

其中 Y 是反应变量，$X\in\mathbf{R}^q$ 和 $W\in\mathbf{R}$ 是协变量，$g_\tau(\cdot)$是未知函数，β_τ 是 q 维未知的回归参数，ε_τ 是随机误差且 $P(\varepsilon_\tau\leqslant 0 \mid X,W)=\tau$。在随机截断下，$(X,Y,W)$的观察值受另一个截断随机变量 T 的干扰，使得当且仅当 $Y\geqslant T$ 时，X,Y,W 和 T 是可观测的。当 $Y<T$ 时，一些变量的值观察不到。

4.1　方法与主要结果

4.1.1　左截断数据下部分线性模型的估计

令$\{(X_i,Y_i,W_i,T_i),1\leqslant i\leqslant N\}$是来自$(X,Y,W,T)$的一列独立同分布的随机样本，$N$ 是潜在的样本容量。假定 T 与(X,Y,W)是独立的。由于截断的发生，N 是未知的。n 是实际观察到的样本容量且 $n\leqslant N$。为了

方便，记$\{(X_i,Y_i,W_i,T_i),1\leqslant i\leqslant n\}$为实际观察到的样本且$Y_i\geqslant T_i$。假定与$N$样本对应的概率测度和数学期望分别为$\mathbb{P}$和$\mathbb{E}$，与$n$样本对应的概率测度和数学期望分别为$\mathbb{P}$和$\mathbb{E}$。定义$F(y)=\mathbb{P}(Y\leqslant y),G(t)=\mathbb{P}(T\leqslant t)$，$F(x,y,w)=\mathrm{P}(X\leqslant x,Y\leqslant y,W\leqslant w)$。$(a_F,b_F)$是$Y$的范围且$a_F=\inf\{y:F(y)>0\},b_F=\sup\{y:F(y)<1\}$。$a_G$和$b_G$可类似定义。取$\theta=\mathbb{P}(Y\geqslant T)$。由于$\theta=0$意味着没有数据可观察到，因此在本章中，我们假定$\theta>0$。

以下，记带上标*的分布函数代表截断随机变量的分布函数。由于T与(X,Y,W)独立，(X,Y,W,T)的联合分布为

$$\begin{aligned}H^*(x,y,w,t)&=P(X\leqslant x,Y\leqslant y,W\leqslant w,T\leqslant t)\\&=\mathbb{P}(X\leqslant x,Y\leqslant y,W\leqslant w,T\leqslant t\mid Y\geqslant T)\\&=\frac{1}{\theta}\int_{s\leqslant x}\int_{a_G\leqslant u\leqslant y}\int_{v\leqslant w}G(u\wedge t)F(\mathrm{d}s,\mathrm{d}u,\mathrm{d}v),\end{aligned}$$

其中$u\wedge t=\min(u,t)$。当$t=+\infty$，(X,Y,W)的分布函数为$F^*(\cdot,\cdot,\cdot)$，其中

$$F^*(x,y,w)=H^*(x,y,w,+\infty)=\frac{1}{\theta}\int_{s\leqslant x}\int_{a_G\leqslant u\leqslant y}\int_{v\leqslant w}G(u)F(\mathrm{d}s,\mathrm{d}u,\mathrm{d}v),$$

由上式，可得

$$F(dx,dy,dw)=\{\theta^{-1}G(y)\}^{-1}F^*(\mathrm{d}x,\mathrm{d}y,\mathrm{d}w)。\qquad(4.1.1)$$

记

$$F^*(y)=P(Y\leqslant y)=\mathbb{P}(Y\leqslant y\mid Y\geqslant T)=\frac{1}{\theta}\int_{-\infty}^{y}G(u)F(\mathrm{d}u),$$

$$G^*(t)=P(T\leqslant t)=\mathbb{P}(T\leqslant t\mid Y\geqslant T)=\frac{1}{\theta}\int_{-\infty}^{t}(1-F(m-))G(\mathrm{d}m),$$

其中$F(m-)$是F在点m的左极限。

由 He 和 Yang(2003)知，$F^*(x,y,w)$，$F^*(y)$和$G^*(t)$可以分别用它们的经验分布函数来估计，即

$$F_n^*(x,y,w)=\frac{1}{n}\sum_{i=1}^{n}I(X_i\leqslant x,Y_i\leqslant y,W_i\leqslant w),$$

$$F_n^*(y)=\frac{1}{n}\sum_{i=1}^{n}I(Y_i\leqslant y)\text{且}G_n^*(t)=\frac{1}{n}\sum_{i=1}^{n}I(T_i\leqslant t)。$$

令 $C(y)=\mathbb{P}(T\leqslant y\leqslant Y \mid Y\geqslant T)=\theta^{-1}G(y)\{1-F(y-)\}$。$C(y)$的经验估计量定义为 $C_n(y)=n^{-1}\sum_{i=1}^{n}I(T_i\leqslant y\leqslant Y_i)$。根据 Lynden-Bell (1971)的结果，F 和 G 的非参数极大似然估计量为

$$F_n(y)=1-\prod_{Y_i\leqslant y}\left[\frac{nC_n(Y_i)-1}{nC_n(Y_i)}\right]\text{且 }G_n(t)=\prod_{T_i>t}\left[\frac{nC_n(T_i)-1}{nC_n(T_i)}\right]。\tag{4.1.2}$$

故可得 θ 的估计为

$$\theta_n=\frac{G_n(y)\{1-F_n(y-)\}}{C_n(y)}。\tag{4.1.3}$$

文献 He 和 Yang(1998)证明了 θ_n 不依赖 y 且它的值可由任何一个满足 $C_n(y)\neq 0$ 的 y 获得。

基于以上结论，$F(x,y,w)$的非参数估计量为

$$F_n(x,y,w)=\theta_n\int_{s\leqslant x}\int_{u\leqslant y}\int_{v\leqslant w}\frac{1}{G_n(u)}F_n^*(\mathrm{d}s,\mathrm{d}u,\mathrm{d}v)。\tag{4.1.4}$$

4.1.2 分位数回归估计量

令 $\rho_\tau(u)=u[\tau-I(u<0)]$是分位数损失函数且 $\tau\in(0,1)$。设

$$Q_Y(\tau \mid X,W)=\inf\{y:\mathbb{P}(Y\leqslant y \mid X,W)\geqslant\tau\}$$

为给定变量 X 和 W 的条件下 Y 的 τ 条件分位数。因为

$$F_{Y\mid X,W}\{Q_Y(\tau \mid X,W)\mid X,W\}=\tau,$$

部分线性模型(4.0.1)中 Y 的 τ 条件分位数可表示为

$$Q_Y(\tau \mid X,W)=X^{\mathrm{T}}\beta_\tau+g_\tau(W)。\tag{4.1.5}$$

当数据没有截断且 $g_\tau(\cdot)$是已知的，模型(4.1.5)中的 β_τ 的分位数估计量是下列函数的最小值

$$\sum_{i=1}^{n}\rho_\tau\{Y_i-X_i^{\mathrm{T}}\beta-g_\tau(W_i)\},$$

它的积分形式为

$$\int \rho_\tau\{y - x^{\mathrm{T}}\beta - g_\tau(w)\}\hat{F}_n(\mathrm{d}x,\mathrm{d}y,\mathrm{d}w), \tag{4.1.6}$$

其中$\hat{F}_n(x,y,w)$是$\{(X_i,Y_i,W_i),1\leqslant i\leqslant N\}$的经验分布。在左截断情形下，用(4.1.4)中的$F_n(x,y,w)$替换(4.1.6)中的$\hat{F}_n(x,y,w)$，得

$$\int \rho_\tau\{y - x^{\mathrm{T}}\beta - g_\tau(w)\}F_n(\mathrm{d}x,\mathrm{d}y,\mathrm{d}w)$$

$$= \theta_n\int_{s\leqslant x}\int_{u\leqslant y}\int_{v\leqslant w}\frac{1}{G_n(u)}\rho_\tau\{u - s^{\mathrm{T}}\beta - g_\tau(v)\}F_n^*(\mathrm{d}s,\mathrm{d}u,\mathrm{d}v)。\tag{4.1.7}$$

于是，通过使下列加权的分位数损失函数取最小值

$$\sum_{i=1}^{n}\frac{1}{G_n(Y_i)}\rho_\tau\{Y_i - X_i^{\mathrm{T}}\beta - g_\tau(W_i)\}, \tag{4.1.8}$$

可得(4.1.5)中β_τ在左截断数据下的分位数估计量。注意到(4.1.8)包含未知的非参数部分$g_\tau(\cdot)$，它可由局部线性方法估计。当W_i在点w的某一邻域里，$g_\tau(W_i)$可由下列的局部线性方法逼近，即

$$g_\tau(W_i)\approx g_\tau(w)+g'_\tau(w)(W_i-w):=a_\tau+b_\tau(W_i-w)。$$

于是(4.1.5)可表示为

$$Q_Y(\tau \mid X,W)\approx X^{\mathrm{T}}\beta_\tau+a_\tau+b_\tau(W-w)。\tag{4.1.9}$$

接下来借助 Kai 等人(2011)中的三阶段估计方法。第一阶段，采用局部线性回归方法获得β_τ和$g_\tau(\cdot)$的初始的估计量，第二和第三阶段，进一步改进初始估计量β_τ和$g_\tau(\cdot)$的有效性。令$\{\tilde{a}_\tau,\tilde{b}_\tau,\tilde{\beta}_\tau\}$是下列局部加权分位数损失函数的最小值

$$\sum_{i=1}^{n}\frac{1}{G_n(Y_i)}\rho_\tau\{Y_i - X_i^{\mathrm{T}}\beta - a_\tau - b_\tau(W_i - w)\}K_h(W_i - w), \tag{4.1.10}$$

其中$K_h(\cdot)=K(\cdot/h)/h$是一个核函数$K(\cdot)$，h是窗宽。记$\tilde{g}_\tau(w)=\tilde{a}_\tau$，我们取$\{\tilde{g}_\tau(w),\tilde{\beta}_\tau\}$作为初始估计量。

给定$(X,W)=(\boldsymbol{x},w)$，令$F_\varepsilon(\cdot\mid\boldsymbol{x},w)$和$f_\varepsilon(\cdot\mid\boldsymbol{x},w)$分别表示$\varepsilon$的条件分布函数和条件密度函数。再令

$$\mu_j=\int u^jK(u)\mathrm{d}u \text{ 且 } \nu_j=\int u^jK^2(u)\mathrm{d}u, j=0,1,2,\cdots。$$

定理 4.1.1　假设 4.4 节中条件(C1)—(C6)成立，若 $h \to 0$，且 $nh \to \infty$，则

$$\sqrt{nh}\left[\begin{pmatrix} \tilde{g}_\tau(w) - g_\tau(w) \\ \tilde{\beta}_\tau - \beta_\tau \end{pmatrix} - \frac{\mu_2 h^2}{2}\begin{pmatrix} g''_\tau(w) \\ 0 \end{pmatrix}\right]$$

$$\xrightarrow{d} \mathrm{N}\left(0, \frac{\tau(1-\tau)\theta\nu_0}{f_W(w)} C_2^{-1}(w) D_2(w) C_2^{-1}(w)\right),$$

其中 $C_2(w) = \mathbb{E}\{f_\varepsilon(0 \mid X, W)(1, X^{\mathrm{T}})^{\mathrm{T}}(1, X^{\mathrm{T}}) \mid W = w\}$，$D_2(w) = \mathbb{E}\left\{\frac{1}{G(Y)}(1, X^{\mathrm{T}})^{\mathrm{T}}(1, X^{\mathrm{T}}) \mid W = w\right\}$。

注 4.1.1　定理 4.1.1 表明 $\tilde{\beta}_\tau$ 是一个 $\sqrt{nh}$ 相合估计量。这是因为我们仅使用了在 w 的局部邻域里的数据去估计 β_τ。

基于初始估计量 $\tilde{g}_\tau(w)$，可以进一步改进 $\tilde{\beta}_\tau$，通过下式获得 β_τ 的一个新的估计量

$$\hat{\beta}_\tau = \arg\min_{\beta} \sum_{i=1}^{n} \frac{1}{G_n(Y_i)} \rho_\tau\{Y_i - \tilde{g}_\tau(W_i) - X_i^{\mathrm{T}}\beta\}。$$

令 $\delta(\boldsymbol{x}, w) = \mathbb{E}\{f_\varepsilon(0 \mid X, W) X (1, 0^{\mathrm{T}}) \mid W = w\} C_2^{-1}(w)(1, \boldsymbol{x}^{\mathrm{T}})^{\mathrm{T}}$，对任意一个矩阵 H，$H^{\otimes 2} = HH^{\mathrm{T}}$。

定理 4.1.2　假设 4.4 节中条件(C1)—(C6)成立，若 $nh^4 \to 0$，且 $nh^2/\log(1/h) \to \infty$，则

$$\sqrt{n}(\hat{\beta}_\tau - \beta_\tau) \xrightarrow{d} N(0, \theta\tau(1-\tau)A^{-1}BA^{-1}),$$

其中 $A = \mathbb{E}\{f_\varepsilon(0 \mid X, W) X^{\otimes 2}\}$，$B = \mathbb{E}(\tilde{X}^{\otimes 2})$，$\tilde{X} = X - \delta(X, W)$。

定理 4.1.2 给出了 $\hat{\beta}_\tau$ 的一个 $\sqrt{n}$ 相合估计量。进一步，基于 $\hat{\beta}_\tau$，可改进 $\tilde{g}_\tau(w)$ 的有效性。为此，令 $\{\hat{a}_\tau, \hat{b}_\tau\}$ 是下列函数的最小值

$$\sum_{i=1}^{n} \frac{1}{G_n(Y_i)} \rho_\tau\{Y_i - X_i^{\mathrm{T}}\hat{\beta}_\tau - a - b(W_i - w)\} K_h(W_i - w)。$$

定义 $\hat{g}_\tau(w) = \hat{a}_\tau$。

定理 4.1.3　假设 4.4 节中条件(C1)—(C6)成立，若 $h \to 0$，且 $nh \to \infty$，则

$$\sqrt{nh}\left[\{\hat{g}_\tau(w) - g_\tau(w)\} - \frac{\mu_2 h^2}{2} g''_\tau(w)\right] \xrightarrow{d} N\left(0, \frac{\tau(1-\tau)\theta\nu_0}{f_W(w) C_3^2(w)}\right),$$

其中 $C_3(w)=\mathbb{E}\{f_\varepsilon(0 \mid X,W) \mid W=w\}$。

注 4.1.2 定理 4.1.3 表明$\hat{g}_\tau(w)$和$\tilde{g}_\tau(w)$一样,有相同的条件渐近偏差,但$\hat{g}_\tau(w)$比$\tilde{g}_\tau(w)$的条件渐近方差小。因此,$\hat{g}_\tau(w)$比$\tilde{g}_\tau(w)$有效。

4.1.3 变量选择

在实际应用中，真实的模型通常是未知的，人们往往根据自身的经验将各种与反应变量有关的协变量引入回归模型，这样往往会把一些与反应变量关系很小或不相关的变量作为协变量。此时，就需要进行变量选择。无关变量的剔除可以有效的提高估计效率,还有助于更好地找出反应变量和协变量之间的内在联系，提高模型的预测精度。因此,在左截断数据下，部分线性模型的分位数回归的变量选择问题是不可避免的。考虑到一个拟合不足的模型将会产生有偏的估计量和大的残差，而过度拟合的模型可能会降低估计的有效性。在这一节，对模型(4.0.1)，借助 SCAD 惩罚方法，本节提出一个变量选择过程。SCAD 惩罚函数在原点附近是对称的，当 $t>0$ 时，它的一阶导数为

$$p'_\lambda(t)=\lambda\left\{I(t\leqslant\lambda)+\frac{(a\lambda-t)_+}{(a-1)\lambda}I(t>\lambda)\right\},$$

其中 $a>2$ 和 $\lambda>0$ 是扭转参数。正如 Fan 和 Li(2001)一样，本节选择 $a=3.7$。接下来考虑下列的惩罚损失函数

$$\sum_{i=1}^{n}\frac{1}{G_n(Y_i)}\rho_\tau\{Y_i-X_i^{\mathrm{T}}\beta-\hat{g}_\tau(W_i)\}+n\sum_{j=1}^{q}p_\lambda(|\beta_j|)。\quad(4.1.11)$$

与文献 Kai 等人(2011)类似，首先计算非惩罚的半参数分位数估计量 $\hat{\beta}^{(0)}$。设

$$L_n(\beta)=\sum_{i=1}^{n}\frac{1}{G_n(Y_i)}\rho_\tau\{Y_i-X_i^{\mathrm{T}}\beta-\hat{g}_\tau(W_i)\}+n\sum_{j=1}^{q}p'_\lambda(|\beta_j^{(0)}|)|\beta_j|,\quad(4.1.12)$$

加权惩罚的分位数回归估计量$\hat{\beta}^\lambda$ 定义为 $\mathrm{argmin}_\beta L_n(\beta)$。

为了选择扭转参数 λ，借助下列的 BIC（Bayesian Information Criterion）标准

$$\text{BIC}(\lambda)=\log\left[\sum_{i=1}^{n}\frac{1}{G_n(Y_i)}\rho_\tau\{Y_i-X_i^{\text{T}}\hat{\beta}^\lambda-\hat{g}_\tau(W_i)\}\right]+\frac{\log(n)}{n}\text{df}_\lambda,$$

其中 df_λ 表示$\hat{\beta}^\lambda$ 的非零元素的个数。于是扭转参数 λ 可被选择为 $\lambda=\arg\min_\lambda\text{BIC}(\lambda)$。

不失一般性，把真实的参数向量分割为 $\beta_\tau=(\beta_{1\tau}^{\text{T}},\beta_{2\tau}^{\text{T}})^{\text{T}}$，其中 $\beta_{1\tau}\in\mathbf{R}^s$ 包含所有非零的部分，$\beta_{2\tau}=0$ 包含 $q-s$ 个噪音变量。类似地，基于 β_τ 的表示法，加权惩罚的分位数回归估计量$\hat{\beta}^\lambda$ 可表示为$\hat{\beta}^\lambda=(\hat{\beta}_1^{\lambda\text{T}},\hat{\beta}_2^{\lambda\text{T}})^{\text{T}}$。另外，用同样的方式定义 X_1，X_1 表示 X 的前 s 个元素构成的向量。

定理 4.1.4 假设 4.4 节中条件(C1)—(C6)成立，若 $\lambda\to0$，$\sqrt{n}\lambda\to\infty$，$nh^4\to0$，$nh^2/\log(1/h)\to\infty$，则

(a)（稀疏性）：依概率趋于 1 有，$\hat{\beta}_2^\lambda=0$；

(b)（渐近正态性）：$\sqrt{n}(\hat{\beta}_1^\lambda-\beta_{1\tau})\xrightarrow{d}N(0,\theta\tau(1-\tau)\Sigma_1^{-1}\Sigma_0\Sigma_1^{-1})$，

其中 $\Sigma_1=\mathbb{E}\{f_\varepsilon(0\mid X,W)X_1^{\otimes2}\}$，$\Sigma_0=\mathbb{E}(\tilde{X}_1^{\otimes2})$，$\tilde{X}_1=X_1-\delta(X_1,W)$。

4.2 模拟研究

在这一节，将通过模拟研究来评价提出的估计量和变量选择方法在有限样本下的表现。核函数为 $K(u)=0.75(1-u^2)_+$。假定 $N=300$ 是固定的，可观察的样本容量 n 是随机的。（同理，也可固定 n 且容许 N 是随机的。）另外，每一个模拟研究重复次数为 100。在左截断数据下，F 和 G 的乘积限估计量依赖 $C_n(\cdot)$，以及随机截断的性质，$C_n(y)$ 可能趋于 0，在有限样本下可能导致 $F_n(y)$ 和 $G_n(t)$ 的估计量不合理。因此，本章提出的分位数估计量可能受到影响。在模拟中，用

$$C_n^*(y)=\max\{C_n(y),1/n+1/n^2\},Y_{(1)}\leqslant y\leqslant Y_{(n)}$$

替代模型(4.1.2)中的 $C_n(y)$,可解决这个问题。

例 1 考虑下列的部分线性分位数回归模型:

$$Y=X_1\beta_1+X_2\beta_2+g(W)+\varepsilon_\tau,$$

其中 $X_i(i=1,2)$由均值为 1,两两协方差如下的多元正态分布产生:

$$\mathrm{Cov}(X_j,X_k)=\begin{cases}1, 当\ j=k,\\ 0.5^{|j-k|}, 当\ j\neq k。\end{cases} \quad (4.2.1)$$

$W\sim U(0,1)$, $\beta_1=1$, $\beta_2=2$, $g(w)=2+\sin(2\pi w)$, $\varepsilon_\tau\sim N(-\Phi^{-1}(\tau),1)$,它的 τ 分位数是 0,$\Phi(\cdot)$是标准正态分布函数。截断变量 T 由均值为 λ_0 的指数分布产生。不同的 λ_0 对应不同的截断水平:

(i) 当 $\tau=0.25$ 时,λ_0 分别取 1.50, 2.60, 3.90,对应的截断率大约为 10%, 20% 和 30%;

(ii)当 $\tau=0.50$ 时,λ_0 分别取 1.05, 2.15, 3.30,对应的截断率大约为 10%, 20% 和 30%;

(iii)当 $\tau=0.75$ 时,λ_0 分别取 0.65, 1.60, 2.60,对应的截断率大约为 10%, 20% 和 30%。

为了评价本章提出的估计量(记作 New)的表现,下面把它和 omniscient 估计量,naive 估计量进行比较。Omniscient 估计量是用全部的数据拟合分位数回归获得(样本容量为 N); Naive 估计量则是完全忽略截断且运用截断数据下分位数回归获得(样本容量为 n)。这里,运用一个简单的经验法则来确定窗宽,即 omniscient 估计量中的窗宽取 $N^{-1/5}$,本章提出的估计量和 naive 估计量中的窗宽取 $n^{-1/5}$。

表 4-1 在三种不同的截断率下,基于 omniscient 方法,本章的方法和 naive 方法,给出了广义均方误差(Generalized Mean Square Error,记作 GMSE),其中广义均方误差的定义为 $\mathrm{GMSE}(\hat{\beta})=(\hat{\beta}-\beta)^{\mathrm{T}}E(XX^{\mathrm{T}})(\hat{\beta}-\beta)$。同时,表 4-1 也给出了在三种不同的截断率下,$g(0.5)$的三种估计量的偏倚(记作 Bias)和均方误差(mean square error,记作 MSE)。另外,β_1 的三种估计量的箱线图,$g(0.5)$在 $\tau=0.5$,$\lambda_0=2.15$(TR=80%)和 4.65

(TR＝60％)下的 QQ 图见图 4-1—4-2。

由表 4-1，可得出如下结论。首先，omniscient 估计量的表现最好，本章提出的估计量，它产生的偏倚和均方误差比 naive 估计量的小。其次，随着截断率的增加，本章提出的估计量和 naive 估计量的均方误差都变大。

图 4-1—4-2 表明：当截断率固定时，omniscient 估计量的表现最好，而 naive 的表现最差。除此以外，随着截断率的增加，本章提出的估计量和 naive 估计量的表现越差。图 4-2 表明这三个估计量和正态分布拟合的很好。

表 4-1　omniscient 估计量，我们提出的估计量和 naive 估计量的比较

τ	TR	GMSE(β)			Bias(g(0.5)			MSE(g(0.5))		
		Omni	New	Naive	Omni	New	Naive	Omni	New	Naive
0.25	10%		0.0453	0.0599		0.1001	0.2167		0.0433	0.0696
	20%	0.0169	0.0489	0.0660	−0.0057	0.0954	0.2426	0.1054	0.0532	0.0883
	30%		0.0622	0.1040		0.1040	0.2658		0.0622	0.1040
0.50	10%		0.0359	0.0516		0.1349	0.2175		0.0399	0.0655
	20%	0.0172	0.0458	0.0660	0.0111	0.1387	0.2796	0.0163	0.0508	0.1026
	30%		0.0548	0.0696		0.1393	0.3142		0.0647	0.1260
0.75	10%		0.0407	0.0489		0.1150	0.1778		0.0451	0.0564
	20%	0.0208	0.0426	0.0658	0.0090	0.1115	0.2524	0.0211	0.0515	0.0920
	30%		0.0522	0.0726		0.1245	0.2846		0.0591	0.1195

进一步，为了把我们提出的估计量与最小二乘估计量进行比较，我们考虑 $\tau=0.5$ 时 ε_τ 的三种误差分布：$N(0,1)$；$t(3)$和 $0.9N(0,4)+0.1N(0,100)$。参数 λ_0 分别为：

(a) 对标准正态分布 N(0,1)，λ_0 的取值和上面的情形(ii)一致；

(b) 对分布 $t(3)$，λ_0 分别取 0.9，2.1，3.1，对应的截断率大约为 10％，20％和 30％；

(c) 混合正态分布 $0.9N(0,4)+0.1N(0,100)$，λ_0 分别取 0.4，1.7，

3.0，对应的截断率大约为10%，20%和30%。

基于最小二乘估计量，omniscient估计量，本章提出的估计量，naive估计量，β的广义均方误差GMSE和$g(0.5)$的均方误差MSE的结果见表4-2。其中，β的最小二乘估计量

表4-2 LS估计量，omniscient估计量，我们提出的估计量和naive估计量的比较，$\tau=0.5$

ε_2	TR	GMSE(β)				MSE($g(0.5)$)			
		LS	Omni	New	Naive	LS	Omni	New	Naive
N(0,1)	10%	0.0250		0.0359	0.0516	0.0288		0.0399	0.0655
	20%	0.0297	0.0172	0.0458	0.0660	0.0356	0.0163	0.0508	0.1026
	30%	0.0379		0.0548	0.0699	0.0469		0.0647	0.1260
$t(3)$	10%	0.0722		0.0526	0.0647	0.1040		0.0691	0.0959
	20%	0.0804	0.0234	0.0657	0.0849	0.1157	0.0227	0.0895	0.1544
	30%	0.0877		0.0684	0.0929	0.1287		0.0813	0.1848
0.9N(0,4)+0.1N(0,100)	10%	0.2079		0.1924	0.2491	0.3294		0.2553	0.3527
	20%	0.2324	0.0667	0.2158	0.3819	0.3937	0.0767	0.3070	0.7644
	30%	0.2562		0.2485	0.4441	0.4467		0.3915	1.0928

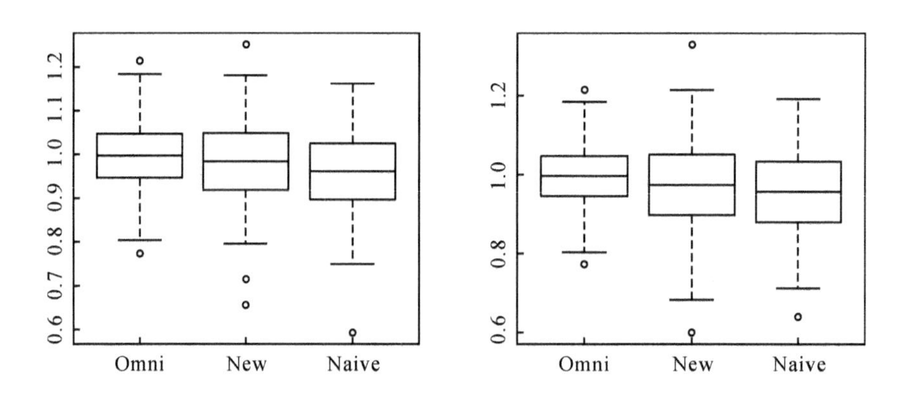

图4-1 β_1的三种估计量的箱线图，TR=80%（左）和60%（右）

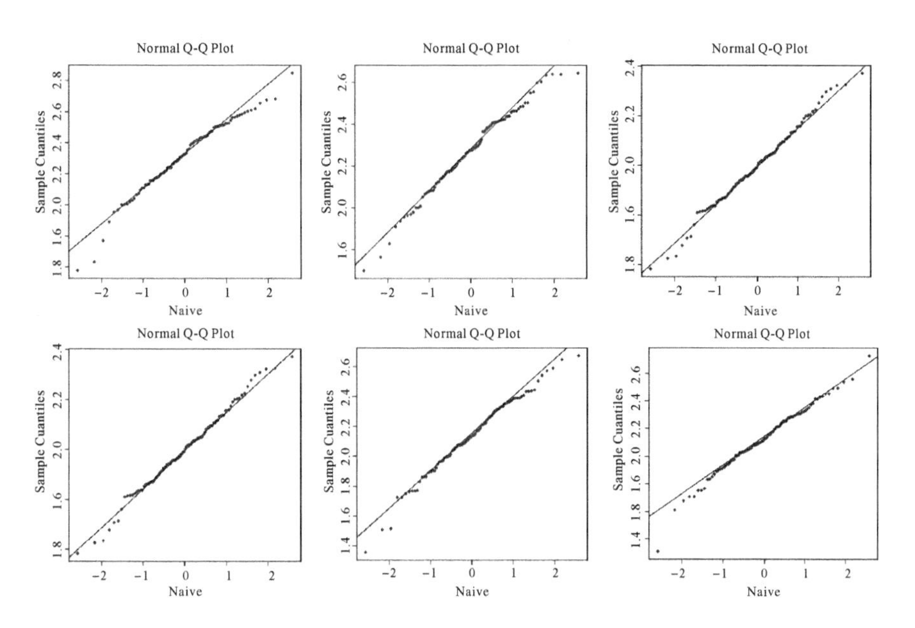

图 4-2　$g(0.5)$基于 Omni(左)方法，我们提出的方法(中)和 Naive(右)方法，TR=80%(上面)和 60%(下面)的 QQ 图

和基于$\hat{\beta}_{\mathrm{LS}}$的 $g(\cdot)$的局部线性估计量定义如下：

$$\hat{\beta}_{\mathrm{LS}} = \left\{ \sum_{i=1}^{n} \widetilde{X}_i \widetilde{X}_i^{\mathrm{T}} / G_n(Y_i) \right\}^{-1} \sum_{i=1}^{n} \widetilde{X}_i \widetilde{Y}_i / G_n(Y_i),$$

$$\hat{g}_{\mathrm{LS}}(w) = (10)(D_w^{\mathrm{T}} \Omega_w D_w)^{-1} D_w^{\mathrm{T}} \Omega_w (Y - X\hat{\beta}_{\mathrm{LS}}),$$

其中 $\Omega_w = \mathrm{diag}\{K_h(W_1 - w)/G_n(Y_1), \cdots, K_h(W_n - w)/G_n(Y_n)\}, Y = (Y_1, \cdots, Y_n)^{\mathrm{T}}$,

$X = (X_1, \cdots, X_n)^{\mathrm{T}}, (\widetilde{Y}_1, \cdots, \widetilde{Y}_n)^{\mathrm{T}} = (I - S)Y, (\widetilde{X}_1, \cdots, \widetilde{X}_n) = (I - S)X$,

$$D_w = \begin{pmatrix} 1 & \dfrac{W_1 - w}{h} \\ \vdots & \vdots \\ 1 & \dfrac{W_n - w}{h} \end{pmatrix} \text{ 且 } S = \begin{pmatrix} (10)(D_{w_1}^{\mathrm{T}} \Omega_{w_1} D_{w_1})^{-1} D_{w_1}^{\mathrm{T}} \Omega_{w_1} \\ \vdots \\ (10)(D_{w_n}^{\mathrm{T}} \Omega_{w_n} D_{w_n})^{-1} D_{w_n}^{\mathrm{T}} \Omega_{w_n} \end{pmatrix}。$$

表 4-2 表明：当误差服从标准正态分布时，最小二乘估计量比本章提出的估计量的表现稍微好一点。然而，当误差服从其它分布时，本章提出

的估计量比最小二乘估计量好，最小二乘估计量的表现比 naive 估计量好。潜在的原因是最小二乘估计量对异常值比较敏感，而分位数方法在大多数情况下比较稳健。

接下来，为了展示本章提出的变量选择方法的表现，做了如下模拟。

例 2 在本例中，$\beta=(1.5,0.5,0,1,0,0,0,0)^{\mathrm{T}}$，$X_i$ 由均值为 1，两两方差如式(4.2.1)的 8 维正态分布产生。其他和例 1 一样。

为了评价本章提出的变量选择方法，将把它和 omniscient 方法以及 naive 方法进行比较。广义均方误差被用来评价参数部分的变量选择方法的表现，模拟结果见表 4-3。在表 4-3 中，‘C’代表非零系数被正确估计为非零的平均个数，‘IC’代表零系数被错误地估计为非零的平均个数。‘U-fit’(under-fit)代表剔除重要变量的模拟次数所占的比例；‘C-fit’(correct-fit)代表正确识别了重要变量且剔除无关变量的模拟次数所占的比例；‘O-fit’(over-fit)代表正确识别了重要变量但同时误挑选了无关变量的模拟次数所占的比例。

表 4-3 表明，通过比较广义均方误差(GMSE)，可以发现，基于 omniscient 方法的变量选择方法表现最好，而 naive 方法最差。在所有情形下，本章提出的变量选择过程可以选出三个非零变量。其次，随着截断率的增加，本章提出的方法，其广义均方误差会变大，‘IC’和‘O-fit’变大而‘C-fit’变小。随着截断率的减小，‘C’越接近真实的非零系数的个数。这些结果表明：本章提出的变量选择方法，其模型选择结果是令人满意的。通过和真实的非零系数的个数进行比较，可以发现本章提出的变量选择方法，选出的模型非常接近于真实的模型。

表 4-3　基于 SCAD 惩罚的部分线性模型的分位数回归的变量选择结果

τ	Methods	TR	GMSE	C	IC	U-fit	C-fit	O-fit
0. 25	Omni	—	0. 3712	3. 3100	0. 3100	0. 0000	0. 7000	0. 2900
	New	10%	0. 4869	3. 4500	0. 4500	0. 0000	0. 6100	0. 3800
		20%	0. 5475	3. 4900	0. 4900	0. 0000	0. 6100	0. 3900
		30%	0. 7063	3. 4900	0. 5200	0. 0300	0. 5700	0. 3800
	Naive	10%	0. 8523	3. 2800	0. 2800	0. 0000	0. 7300	0. 2700
		20%	1. 0809	3. 2200	0. 2300	0. 0100	0. 7600	0. 2200
		30%	1. 4431	3. 2400	0. 2800	0. 0400	0. 7000	0. 2600
0. 5	Omni	—	0. 2943	3. 2400	0. 2400	0. 0000	0. 7700	0. 2300
	New	10%	0. 4021	3. 3500	0. 3500	0. 0000	0. 6900	0. 3100
		20%	0. 4326	3. 4400	0. 4400	0. 0000	0. 6400	0. 3500
		30%	0. 4779	3. 5900	0. 5900	0. 0000	0. 5400	0. 4300
	Naive	10%	0. 6536	3. 2300	0. 2300	0. 0000	0. 7900	0. 2100
		20%	0. 9185	3. 2300	0. 2400	0. 0100	0. 7800	0. 2100
		30%	1. 2468	3. 1600	0. 1700	0. 0100	0. 8200	0. 1700
0. 75	Omni	—	0. 5618	3. 1600	0. 1600	0. 0000	0. 8400	0. 1600
	New	10%	0. 8601	3. 2000	0. 2000	0. 0000	0. 8100	0. 1900
		20%	0. 8634	3. 2900	0. 2900	0. 0000	0. 7100	0. 2900
		30%	0. 8358	3. 3700	0. 3700	0. 0000	0. 6800	0. 3200
	Naive	10%	1. 3177	3. 2100	0. 2100	0. 0000	0. 8000	0. 2000
		20%	2. 1152	3. 1600	0. 1900	0. 0300	0. 8000	0. 1700
		30%	3. 4621	3. 0000	0. 1700	0. 1600	0. 6800	0. 1600

4.3 结论

本章是在左截断数据下研究了部分线性模型的分位数回归估计量和变量选择问题。首先，基于随机数的权重，其权重由分布函数 T 的乘积限估计量决定，本章提出了三阶段估计方法且建立了参数与非参数估计量的渐近性质。结果表明，在第二阶段与第三阶段获得的参数与非参数部分的分位数估计量比第一阶段获得的初始估计量更有效。其次，为了增强可预测性且选出重要的变量，本章提出了一个惩罚且加权的函数用于左截断数据下部分线性模型的分位数回归估计及变量选择。结果表明，在一些常规条件下，本章提出的加权的惩罚估计量具有 oracle 性质。进一步，把本章提出的方法与最小二乘方法，omniscient 方法以及 naive 方法进行对比，结果发现 omniscient 方法表现最好，本章提出的方法优于 naive 方法，且在有异常值时，本章提出的方法比最小二乘方法更稳健。

4.4 主要结果的证明

在证明定理之前，首先列出一些常规的条件。这些条件也被文献 Zhou(2011)和 Kai 等人(2011)使用过。令 $\delta_n=\left\{\frac{\log(1/h)}{nh}\right\}^{1/2}$。

(C1) 核函数 $K(\cdot)$ 是一个对称且连续的密度函数，具有有界的紧支撑，满足一阶 Lipschitz 条件，且 $\int_{-\infty}^{\infty}u^2K(u)\mathrm{d}u<\infty$，$\int_{-\infty}^{\infty}u^jK^2(u)\mathrm{d}u<\infty$，$j=0,1,2$。

(C2) F,G 是连续函数且 $a_G\leqslant a_F$。

(C3) 随机变量 W 具有有界的支撑 $\mathcal{W}$，它的密度函数 $f_W(\cdot)$ 是正的且具有二阶导数。

(C4) 对所有的(X,W),$F_\varepsilon(0 \mid X,W)=\tau$,$f_\varepsilon(\cdot \mid X,W)$有连续且一致有界的导数且满足 $f_\varepsilon(\cdot \mid X,W)\geqslant c_0>0$。

(C5) 对所有的 $w\in W$,矩阵 $C_2(w)$和 A 是非奇异的。

(C6) 函数 $g(\cdot)$有连续且有界的二阶导数。

引理 4.4.1　令$(X_1,Y_1),\cdots,(X_n,Y_n)$是独立同分布的随机向量。假定 $E|Y|^s<\infty$且有$\sup_x\int|y|^s f(x,y)\mathrm{d}y<\infty$,其中 $f(\cdot,\cdot)$ 表示 (X,Y) 的联合密度函数。$K_h(\cdot)=K(\cdot/h)$是有界正函数且有紧支撑,满足一阶 Lipschitz 条件,则

$$\sup_x\left|\frac{1}{n}\sum_{i=1}^{n}[K_h(X_i-x)Y_i-E(K_h(X_i-x)Y_i)]\right|=O_p\left\{\frac{\log^{1/2}(1/h)}{\sqrt{nh}}\right\},$$

只需要 $n^{2\varepsilon-1}h\to\infty$,其中 $\varepsilon<1-s^{-1}$。

引理 4.4.1 由 Mack 和 Silverman(1982)的结果可得。

引理 4.4.2 (Lv 等人(2014))　假定 $A_n(s)$是凸函数且可以表示为 $\frac{1}{2}s^{\mathrm{T}}Vs+U_n^{\mathrm{T}}s+C_n+r_n(s)$,其中 V 对称正定矩阵,U_n 是随机有界变量,C_n 是任意的,对每一个 $\mathbf{s}$,$r_n(s)$依概率收敛到 0。则 A_n 的最小值 α_n 和$\frac{1}{2}s^{\mathrm{T}}Vs+U_n^{\mathrm{T}}s+C_n$ 的最小值$\beta_n=-V^{-1}U_n$ 只相差 $o_p(1)$。若同时有 $U_n\xrightarrow{d}U$,则有 $\alpha_n\xrightarrow{d}-V^{-1}U$。

在下面的证明中,将用到一些随机向量的相关理论和方法。这方面已有丰富的结果,可参见文献 Chen 等人(2018),陈振龙和肖益民(2019)等。

定理 4.1.1 的证明　对给定 w,则$\tilde{g}_\tau(w)$,$\tilde{g}'_\tau(w)$,$\tilde{\beta}$使下式取最小值

$$\sum_{i=1}^{n}\frac{1}{G_n(Y_i)}\rho_\tau[Y_i-X_i^{\mathrm{T}}\beta-a-b(W_i-w)]K_h(W_i-w)。$$

记

$$\tilde{\xi}=\sqrt{nh}\begin{pmatrix}\tilde{g}_\tau(w)-g_\tau(w)\\ h(\tilde{g}'_\tau(w)-g'_\tau(w))\\ \tilde{\beta}_\tau-\beta_\tau\end{pmatrix},\xi=\sqrt{nh}\begin{pmatrix}a-g_\tau(w)\\ h(b-g'_\tau(w))\\ \beta-\beta_\tau\end{pmatrix},N_i=\begin{pmatrix}1\\ \frac{W_i-w}{h}\\ X_i\end{pmatrix},$$

$$\tilde{r}_i(w)=-g_\tau(W_i)+g_\tau(w)+g'_\tau(w)(W_i-w),K_i(w)=K\left(\frac{W_i-w}{h}\right),$$

则 $\tilde{\xi}$ 是下列式子的最小值

$$Q_n(\xi)=\sum_{i=1}^n\frac{K_i(w)}{G_n(Y_i)}\left[\rho_\tau(\varepsilon_i-\tilde{r}_i(w)-N_i^T\xi/\sqrt{nh})-\rho_\tau(\varepsilon_i-\tilde{r}_i(w))\right]。$$

由 Kai(2011)中的式子(7.2)，即

$$\rho_\tau(u-v)-\rho_\tau(u)=-v\psi_\tau(u)+\int_0^v[I(u\leqslant s)-I(u\leqslant 0)]\mathrm{d}s,$$

其中 $\psi_\tau(u)=\tau-I(u\leqslant 0)$，可得

$$\begin{aligned}Q_n(\xi)&=\sum_{i=1}^n\frac{K_i(w)}{G_n(Y_i)}\Big[-\frac{N_i^T\xi}{\sqrt{nh}}\psi_\tau(\varepsilon_i-\tilde{r}_i(w))+\int_0^{N_i^T\xi/\sqrt{nh}}[I(\varepsilon_i-\tilde{r}_i(w)\leqslant s)\\&\quad-I(\varepsilon_i-\tilde{r}_i(w)\leqslant 0)]\mathrm{d}s\Big]\\&=-\frac{1}{\sqrt{nh}}\sum_{i=1}^n\frac{K_i(w)}{G_n(Y_i)}N_i^T\xi\psi_\tau(\varepsilon_i-\tilde{r}_i(w))\\&\quad+\sum_{i=1}^n\frac{K_i(w)}{G_n(Y_i)}\int_0^{N_i^T\xi/\sqrt{nh}}[I(\varepsilon_i-\tilde{r}_i(w)\leqslant s)-I(\varepsilon_i-\tilde{r}_i(w)\leqslant 0)]\mathrm{d}s\\&:=-Q_{1n}^T\xi+Q_{2n}(\xi)。\end{aligned}$$

接下来，证明 $E[Q_{2n}(\xi)]=\frac{1}{2}\xi^T\frac{f_W(w)}{\theta}C_1(w)\xi$。

记 $\tilde{Q}_{2n}(\xi)=\sum_{i=1}^n\frac{K_i(w)}{G(Y_i)}\int_0^{N_i^T\xi/\sqrt{nh}}\{I(\varepsilon_i\leqslant s+\tilde{r}_i(w))-I(\varepsilon_i\leqslant\tilde{r}_i(w))\}\mathrm{d}s$，

Δ 和 $\tilde{r}_i(\boldsymbol{w})$ 是 $N_i^T\xi/\sqrt{nh}$ 和 $\tilde{r}_i(w)$ 中的 X_i,W_i 替换为 $x,\boldsymbol{w}$ 所得。由于 $\tilde{Q}_{2n}(\xi)$ 是核形式的独立同分布随机变量的和，根据引理 4.4.1，有

$$\tilde{Q}_{2n}(\xi)=E[\tilde{Q}_{2n}(\xi)]+O_p(\delta_n)。$$

$\widetilde{Q}_{2n}(\xi)$ 的期望为：

$$
\begin{aligned}
&E(\widetilde{Q}_{2n}(\xi))\\
&=\sum_{i=1}^{n}E\left[\frac{K_i(w)}{G(Y_i)}\int_0^{N_i^{\mathrm{T}}\xi/\sqrt{nh}}\{I(\varepsilon_i\leqslant s+\tilde{r}_i(w))-I(\varepsilon_i\leqslant\tilde{r}_i(w))\}\mathrm{d}s\right]\\
&=\sum_{i=1}^{n}\iiint\frac{1}{G(y)}K\left(\frac{\mathrm{w}-w}{h}\right)\int_0^{\Delta}[I(y\leqslant x^{\mathrm{T}}\beta+g(\mathrm{w})+s+\tilde{r}_i(\mathrm{w}))\\
&\quad-I(y\leqslant x^{\mathrm{T}}\beta+g(\mathrm{w})+\tilde{r}_i(\mathrm{w}))]\mathrm{d}sf^{*}(x,y,\mathrm{w})\mathrm{d}x\mathrm{d}y\mathrm{d}\mathrm{w}\\
&=\frac{1}{\theta}\sum_{i=1}^{n}\mathbb{E}\left\{K_i(w)\int_0^{N_i^{\mathrm{T}}\xi/\sqrt{nh}}\{I(\varepsilon_i\leqslant s+\tilde{r}_i(w))-I(\varepsilon_i\leqslant\tilde{r}_i(w))\}\mathrm{d}s\right\}\\
&=\frac{1}{\theta}\sum_{i=1}^{n}\mathbb{E}\left\{K_i(w)\mathbb{E}\left\{\int_0^{N_i^{\mathrm{T}}\xi/\sqrt{nh}}[\{I(\varepsilon_i\leqslant s+\tilde{r}_i(w))-I(\varepsilon_i\leqslant\tilde{r}_i(w))\}\mid X,W]\mathrm{d}s\right\}\right\}\\
&=\frac{1}{\theta}\sum_{i=1}^{n}\mathbb{E}\left\{K_i(w)\int_0^{N_i^{\mathrm{T}}\xi/\sqrt{nh}}[F_\varepsilon(s+\tilde{r}_i(w))-F_\varepsilon(\tilde{r}_i(w))]\mathrm{d}s\right\}\\
&=\frac{1}{\theta}\sum_{i=1}^{n}\mathbb{E}\left\{K_i(w)\int_0^{N_i^{\mathrm{T}}\xi/\sqrt{nh}}[sf_\varepsilon(\tilde{r}_i(w)\mid X,W)+o(1)]\mathrm{d}s\right\}\\
&=\frac{1}{2\theta}\xi^{\mathrm{T}}\mathbb{E}\left\{\frac{1}{nh}\sum_{i=1}^{n}K_i(w)f_\varepsilon(\tilde{r}_i(w)\mid X,W)N_iN_i^{\mathrm{T}}\right\}\xi+O_p(\delta_n)。
\end{aligned}
$$

类似地，可获得 $\mathrm{Var}[\widetilde{Q}_{2n}(\xi)]=o(1)$，则 $\widetilde{Q}_{2n}(\xi)=\frac{1}{2}\xi^{\mathrm{T}}\frac{f_W(w)}{\theta}C_1(w)\xi+O_p(\delta_n)$，其中 $C_1(w)=\mathbb{E}[f_\varepsilon(0\mid X,W)(1,(W-w)/h,X^{\mathrm{T}})^{\mathrm{T}}(1,(W-w)/h,X^{\mathrm{T}})\mid W=w]$。进一步，根据文献 Liang 和 Baek(2016) 的引理 5.2，有

$$\sup_y|G_n(y)-G(y)|=O_p(n^{-1/2}),\tag{4.4.1}$$

通过计算，有

$$|Q_{2n}(\xi)-\widetilde{Q}_{2n}(\xi)|=O_p(h^{\frac{1}{2}})=o_p(1)。\tag{4.4.2}$$

因此

$$
\begin{aligned}
Q_n(\xi)&=-Q_{1n}^{\mathrm{T}}\xi+E[Q_{2n}(\xi)]+O_p(\delta_n)\\
&=-Q_{1n}^{\mathrm{T}}\xi+\frac{1}{2}\xi^{\mathrm{T}}\frac{f_W(w)}{\theta}C_1(w)\xi+O_p(\delta_n)。
\end{aligned}
$$

根据引理 4.4.2，$Q_n(\xi)$的最小值可表示为

$$\tilde{\xi}=\theta f_W^{-1}(w)C_1^{-1}(w)Q_{1n}+o_p(1), \qquad (4.4.3)$$

因此

$$\sqrt{nh}\begin{pmatrix}\tilde{g}_\tau(w)-g_\tau(w)\\ \tilde{\beta}_\tau-\beta_\tau\end{pmatrix}=\theta f_W^{-1}(w)C_2^{-1}(w)Q_{1n,1}+o_p(1), \qquad (4.4.4)$$

其中

$$C_2(w)=\mathbb{E}\{f_\varepsilon(0\mid X,W)(1,X^{\mathrm{T}})^{\mathrm{T}}(1,X^{\mathrm{T}})\mid W=w\},$$

$$Q_{1n,1}=\frac{1}{\sqrt{nh}}\sum_{i=1}^{n}\frac{K_i(w)}{G_n(Y_i)}\psi_\tau(\varepsilon_i-\tilde{r}_i)(1,X_i^{\mathrm{T}})^{\mathrm{T}}。$$

接下来，考虑 $Q_{1n,1}$。记 $Q_{1n,1}^*=\frac{1}{\sqrt{nh}}\sum_{i=1}^{n}\frac{K_i(w)}{G(Y_i)}(1,X_i^{\mathrm{T}})^{\mathrm{T}}\psi_\tau(\varepsilon_i)$，

$$\begin{aligned}E(Q_{1n,1}^*)&=\frac{1}{\sqrt{nh}}\sum_{i=1}^{n}E\left\{\frac{K_i(w)}{G(Y_i)}(1,X_i^{\mathrm{T}})^{\mathrm{T}}\psi_\tau(\varepsilon_i)\right\}\\&=\frac{1}{\theta\sqrt{nh}}\sum_{i=1}^{n}\mathbb{E}[K_i(w)(1,X_i^{\mathrm{T}})^{\mathrm{T}}\mathbb{E}\{(\tau-I(\varepsilon_i\leqslant 0))\mid X,W\}]\\&=\frac{1}{\theta\sqrt{nh}}\sum_{i=1}^{n}\mathbb{E}[K_i(w)(1,X_i^{\mathrm{T}})^{\mathrm{T}}(\tau-F_\varepsilon(0\mid X,W))]=0,\end{aligned}$$

$\mathrm{Var}(Q_{1n,1}^*)\to\frac{\tau(1-\tau)f_W(w)\nu_0}{\theta}D_2(w)$，其中 $D_2(w)=\mathbb{E}\left[\frac{1}{G(Y)}(1,X^{\mathrm{T}})^{\mathrm{T}}(1,X^{\mathrm{T}})\mid W=w\right]$。

由 Cramér-Wald 定理和中心极限定理，有

$$Q_{1n,1}^*\xrightarrow{d}N\left(0,\frac{\tau(1-\tau)f_W(w)\nu_0}{\theta}D_2(w)\right)。$$

定义 $\tilde{Q}_{1n,1}=\frac{1}{\sqrt{nh}}\sum_{i=1}^{n}\frac{K_i(w)}{G(Y_i)}(1,X_i^{\mathrm{T}})^{\mathrm{T}}\psi_\tau(\varepsilon_i-\tilde{r}_i)$，有

$$\begin{aligned}\mathrm{Var}(\tilde{Q}_{1n,1}-Q_{1n,1}^*)&\leqslant\frac{C}{\theta G(a_F)nh}\sum_{i=1}^{n}K_i^2(w)(1,X_i^{\mathrm{T}})^{\mathrm{T}}(1,X_i^{\mathrm{T}})\max\{F_\varepsilon(|\tilde{r}_i|)-F_\varepsilon(0)\}\\&=o_p(1)。\end{aligned}$$

因此

$$\operatorname{Var}(\widetilde{Q}_{1n,1}-Q_{1n,1}^{*})=o(1)。$$

由 Slutsky 定理，在给定 X,W 的条件下，有

$$\widetilde{Q}_{1n,1}-E(\widetilde{Q}_{1n,1})\xrightarrow{d}N\left(0,\frac{\tau(1-\tau)f_W(w)\nu_0}{\theta}D_2(w)\right)。\tag{4.4.5}$$

注意到

$$Q_{1n,1}=Q_{1n,1}-\widetilde{Q}_{1n,1}+(\widetilde{Q}_{1n,1}-E\widetilde{Q}_{1n,1})+E\widetilde{Q}_{1n,1}。\tag{4.4.6}$$

类似于(4.4.2)的证明，有 $Q_{1n,1}-\widetilde{Q}_{1n,1}=o_p(1)$。因此，

$$Q_{1n,1}-E\widetilde{Q}_{1n,1}=(\widetilde{Q}_{1n,1}-E\widetilde{Q}_{1n,1})+o_p(1)。\tag{4.4.7}$$

接下来计算$\widetilde{Q}_{1n,1}$的均值。

$$\begin{aligned}\frac{1}{\sqrt{nh}}E(\widetilde{Q}_{1n,1})&=\frac{1}{nh}\sum_{i=1}^{n}E\left\{\frac{K_i(w)}{G(Y_i)}\psi_\tau(\varepsilon_i-\tilde{r}_i(w))(1,X_i^{\mathrm{T}})^{\mathrm{T}}\right\}\\&=-\frac{1}{h\theta}\mathbb{E}[K_i(w)\mathbb{E}\{(I(\varepsilon_i-\tilde{r}_i(w)\leqslant 0)-\tau)\mid X,W\}(1,X_i^{\mathrm{T}})^{\mathrm{T}}]\\&=-\frac{1}{h\theta}\mathbb{E}[K_i(w)\{F_\varepsilon(\tilde{r}_i(w)\mid X,W)-F_\varepsilon(0\mid X,W)\}(1,X_i^{\mathrm{T}})^{\mathrm{T}}]\\&=-\frac{1}{h\theta}\mathbb{E}\{K_i(w)\tilde{r}_i(w)f_\varepsilon(0\mid X,W)(1+o(1))(1,X_i^{\mathrm{T}})^{\mathrm{T}}\}\\&=\frac{\mu_2h^2}{2\theta}f_W(w)C_2(w)\begin{pmatrix}g''_\tau(w)\\0\end{pmatrix}+o_p(h^2)。\end{aligned}\tag{4.4.8}$$

结合(4.4.4)，(4.4.5)，(4.4.6)，(4.4.7)和(4.4.8)，定理 4.1.1 得证。

定理 4.1.2 的证明　给定$\widetilde{g}_\tau(W_i)$，则

$$\hat{\beta}_\tau=\arg\min_\beta\sum_{i=1}^{n}\frac{1}{G_n(Y_i)}\rho_\tau(Y_i-\widetilde{g}_\tau(W_i)-X_i^{\mathrm{T}}\beta)。$$

记 $r_i=\widetilde{g}_\tau(W_i)-g_\tau(W_i)$，$\gamma=\sqrt{n}(\beta-\beta_\tau)$，$\hat{\gamma}=\sqrt{n}(\hat{\beta}-\beta_\tau)$。则$\hat{\gamma}$是下式的最小值

$$V_n(\gamma)=\sum_{i=1}^{n}\frac{1}{G_n(Y_i)}[\rho_\tau(\varepsilon_i-r_i-X_i^{\mathrm{T}}\gamma/\sqrt{n})-\rho_\tau(\varepsilon_i-r_i)]。\tag{4.4.9}$$

由 Knight(1998)，有

$$\rho_\tau(u-v)-\rho_\tau(u)=-v\psi_\tau(u)+\int_0^v[I(u\leqslant s)-I(u\leqslant 0)]\mathrm{d}s,$$

于是(4.4.9)可表示为

$$V_n(\gamma)=\sum_{i=1}^n\frac{1}{G_n(Y_i)}\left[-\frac{X_i^{\mathrm{T}}\gamma}{\sqrt{n}}\psi_\tau(\varepsilon_i)+\int_{r_i}^{r_i+X_i^{\mathrm{T}}\gamma/\sqrt{n}}[I(\varepsilon_i\leqslant s)-I(\varepsilon_i\leqslant 0)]\mathrm{d}s\right]$$

$$=-\left[\frac{1}{\sqrt{n}}\sum_{i=1}^n\frac{1}{G_n(Y_i)}X_i\psi_\tau(\varepsilon_i)\right]^{\mathrm{T}}\gamma$$

$$+\sum_{i=1}^n\frac{1}{G_n(Y_i)}\int_{r_i}^{r_i+X_i^{\mathrm{T}}\gamma/\sqrt{n}}[I(\varepsilon_i\leqslant s)-I(\varepsilon_i\leqslant 0)]\mathrm{d}s$$

$$:=-V_{1n}^{\mathrm{T}}\gamma+V_{2n}(\gamma)。\tag{4.4.10}$$

首先考虑 $V_{2n}(\gamma)$。记

$$V_{2n}^*(\gamma)=\sum_{i=1}^n\frac{1}{G(Y_i)}\int_{r_i}^{r_i+X_i^{\mathrm{T}}\gamma/\sqrt{n}}[I(\varepsilon_i\leqslant s)-I(\varepsilon_i\leqslant 0)]\mathrm{d}s,$$

$V_{2n}^*(\gamma)$的条件期望

$$E(V_{2n}^*(\gamma)\mid X,W)=\sum_{i=1}^nE\left\{\frac{1}{G(Y_i)}\int_{r_i}^{r_i+X_i^{\mathrm{T}}\gamma/\sqrt{n}}[\{I(\varepsilon_i\leqslant s)-I(\varepsilon_i\leqslant 0)\}\mid X,W]\mathrm{d}s\right\}$$

$$=\frac{1}{2}\gamma^{\mathrm{T}}\left[\frac{1}{n}\sum_{i=1}^n\frac{1}{G(Y_i)}f_\varepsilon(0\mid X,W)X_iX_i^{\mathrm{T}}\right]\gamma$$

$$+\left[\frac{1}{\sqrt{n}}\sum_{i=1}^n\frac{1}{G(Y_i)}f_\varepsilon(0\mid X,W)r_iX_i\right]^{\mathrm{T}}\gamma+o_p(1)。$$

通过计算，有

$$\mathrm{Var}[V_{2n}^*(\gamma)]=o(1)。$$

因此

$$V_{2n}^*(\gamma)=\frac{1}{2}\gamma^{\mathrm{T}}\left[\frac{1}{n}\sum_{i=1}^n\frac{1}{G(Y_i)}f_\varepsilon(0\mid X,W)X_iX_i^{\mathrm{T}}\right]\gamma$$

$$+\left[\frac{1}{\sqrt{n}}\sum_{i=1}^n\frac{1}{G(Y_i)}f_\varepsilon(0\mid X,W)r_iX_i\right]^{\mathrm{T}}\gamma+o_p(1)。$$

记$\widetilde{R}_n(\gamma)=V_{2n}^*(\gamma)-E^*(V_{2n}(\gamma)\mid X,W)$，易得$\widetilde{R}_n(\gamma)=o_p(1)$。注意到 $V_{2n}(\gamma)=V_{2n}^*(\gamma)+o_p(1)$，则有

$$V_{2n}(\gamma)=\frac{1}{2}\gamma^{\mathrm{T}}\left[\frac{1}{n}\sum_{i=1}^{n}\frac{1}{G(Y_i)}f_{\varepsilon}(0\mid X,W)X_iX_i^{\mathrm{T}}\right]\gamma$$

$$+\left[\frac{1}{\sqrt{n}}\sum_{i=1}^{n}\frac{1}{G(Y_i)}f_{\varepsilon}(0\mid X,W)r_iX_i\right]^{\mathrm{T}}\gamma+o_p(1)$$

$$:=\frac{1}{2}\gamma^{\mathrm{T}}A_n\gamma+\left[\frac{1}{\sqrt{n}}\sum_{i=1}^{n}\frac{1}{G(Y_i)}f_{\varepsilon}(0\mid X,W)r_iX_i\right]^{\mathrm{T}}\gamma+o_p(1)。$$

接下来，考虑V_{1n}。定义$V_{1n}^{*}=\frac{1}{\sqrt{n}}\sum_{i=1}^{n}\frac{1}{G(Y_i)}X_i\psi_{\tau}(\varepsilon_i)$。根据式(4.4.1)，有

$$V_{1n}=V_{1n}^{*}+o_p(1)。$$

因此

$$V_n(\gamma)=-\left[\frac{1}{\sqrt{n}}\sum_{i=1}^{n}\frac{1}{G(Y_i)}X_i\psi_{\tau}(\varepsilon_i)\right]^{\mathrm{T}}\gamma+\frac{1}{2}\gamma^{\mathrm{T}}A_n\gamma$$

$$+\left[\frac{1}{\sqrt{n}}\sum_{i=1}^{n}\frac{1}{G(Y_i)}f_{\varepsilon}(0\mid X,W)r_iX_i\right]^{\mathrm{T}}\gamma+o_p(1)。$$

由式(4.4.3)，

$$\frac{1}{\sqrt{n}}\sum_{i=1}^{n}\frac{1}{G(Y_i)}f_{\varepsilon}(0\mid X,W)r_iX_i$$

$$=\frac{1}{\sqrt{n}}\sum_{i=1}^{n}\frac{1}{G(Y_i)}\frac{f_{\varepsilon}(0\mid X,W)}{f_W(w)}\theta X_i\begin{pmatrix}1\\0\end{pmatrix}^{\mathrm{T}}C_2^{-1}(W_i)\left\{\frac{1}{nh}\sum_{j=1}^{n}\frac{K_j}{G_n(Y_j)}\begin{pmatrix}1\\X_j\end{pmatrix}\psi_{\tau}(\varepsilon_j-\tilde{r_j})\right\}$$

$$+O_p\left(h^{\frac{3}{2}}+\log^{\frac{1}{2}}(1/h)/\sqrt{nh^2}\right)$$

$$=\frac{1}{\sqrt{n}}\sum_{j=1}^{n}\frac{1}{G_n(Y_j)}\psi_{\tau}(\varepsilon_j)\delta(X_j,W_j)+O_p\left(n^{\frac{1}{2}}h^2+\log^{\frac{1}{2}}(1/h)/\sqrt{nh^2}\right)$$

$$=\frac{1}{\sqrt{n}}\sum_{i=1}^{n}\frac{1}{G(Y_i)}\psi_{\tau}(\varepsilon_i)\delta(X_i,W_i)+o_p(1),$$

其中$\delta(X_i,W_i)=\mathbb{E}[f_{\varepsilon}(0\mid X,W)X(1,\mathbf{0}^{\mathrm{T}})]C_2^{-1}(W_i)(1,X_i^{\mathrm{T}})^{\mathrm{T}}$。因此

$$V_n(\gamma)=\frac{1}{2}\gamma^{\mathrm{T}}A_n\gamma-\left[\frac{1}{\sqrt{n}}\sum_{i=1}^{n}\frac{1}{G(Y_i)}\psi_{\tau}(\varepsilon_i)\{X_i-\delta(X_i,W_i)\}\right]^{\mathrm{T}}\gamma+o_p(1)$$

$$:=\frac{1}{2}\gamma^{\mathrm{T}}A_n\gamma-B_n^{\mathrm{T}}\gamma+o_p(1)。$$

观察到 $A_n = EA_n + o_p(1) = \frac{1}{\theta}\mathbb{E}\{f_\varepsilon(0 \mid X,W)XX^{\mathrm{T}}\} + o_p(1) := \frac{1}{\theta}A + o_p(1)$，因此

$$V_n(\gamma) = \frac{1}{2\theta}\gamma^{\mathrm{T}}A\gamma - B_n^{\mathrm{T}}\gamma + o_p(1)$$

根据引理 4.4.2，有

$$\hat{\gamma} = \theta A^{-1}B_n + o_p(1)。 \tag{4.4.11}$$

于是根据 Cramér-Wald 定理和中心极限定理，可得

$$B_n \xrightarrow{D} N\left(0, \frac{\tau(1-\tau)}{\theta}B\right), \tag{4.4.12}$$

其中 $B = \mathbb{E}\{X - \delta(X,W)\}^{\otimes 2}$。结合(4.4.11)和(4.4.12)，定理 4.1.2 得证。

定理 4.1.3 的证明　$\hat{g}_\tau(w)$的渐近正态性的证明与定理 4.1.1 的证明思路类似，这里省略。

定理 4.1.4 的证明　记 $\zeta = \sqrt{n}(\beta - \beta_\tau)$，$\hat{\zeta} = \sqrt{n}(\hat{\beta}^\lambda - \beta_\tau)$，$\hat{\zeta}_1 = \sqrt{n}(\hat{\beta}_1^\lambda - \beta_{1\tau})$，$r_i = \hat{g}_\tau(W_i) - g_\tau(W_i)$，则$\hat{\beta}^\lambda$ 是下列惩罚函数的最小值

$$\sum_{i=1}^{n}\frac{1}{G_n(Y_i)}\rho_\tau\{Y_i - X_i^{\mathrm{T}}\beta - \hat{g}_\tau(W_i)\} + n\sum_{j=1}^{q}p'_\lambda(|\beta_j^{(0)}|)\mathrm{sgn}(\beta_j^{(0)})(\beta_j - \beta_{\tau j})。 \tag{4.4.13}$$

使(4.4.13)取最小值等于使下式取最小值

$$L_n(\zeta) = \sum_{i=1}^{n}\frac{1}{G_n(Y_i)}\{\rho_\tau(\varepsilon_i - r_i - X_i^{\mathrm{T}}\zeta/\sqrt{n}) - \rho_\tau(\varepsilon_i - r_i)\}$$
$$+ n\sum_{j=1}^{q}p'_\lambda(|\beta_j^{(0)}|)\mathrm{sgn}(\beta_j^{(0)})(\beta_j - \beta_{\tau j})。$$

上面的第二项可表达为

$$n\sum_{j=1}^{q}p'_\lambda\mathrm{sgn}(\beta_j^{(0)})(\beta_j - \beta_{\tau j}) \xrightarrow{p} \begin{cases} 0，若\ \beta_2 = \beta_{2\tau}， \\ \infty，否则。\end{cases}$$

因此，可得$\hat{\beta}_2^\lambda \xrightarrow{p} 0$。

记 $B_{n,11}$ 是 B_n 左上角的 $s \times s$ 子矩阵。由于$\hat{\zeta}$是 $L_n(\zeta)$的最小值且 $L_n(\zeta)$

可被渐近的表示为

$$L_n((\zeta_1^{\mathrm{T}},\mathbf{0}^{\mathrm{T}})^{\mathrm{T}})=\frac{1}{2}(\zeta_1^{\mathrm{T}},\mathbf{0}^{\mathrm{T}})\frac{A}{\theta}(\zeta_1^{\mathrm{T}},\mathbf{0}^{\mathrm{T}})^{\mathrm{T}}-B_n^{\mathrm{T}}(\zeta_1^{\mathrm{T}},\mathbf{0}^{\mathrm{T}})^{\mathrm{T}}$$

$$+n\sum_{j=1}^{q}p'_{\lambda}(|\beta_j^{(0)}|)\mathrm{sgn}(\beta_j^{(0)})(\beta_j-\beta_{\tau j})+o_p(1)$$

$$\rightarrow L(\zeta_1)=\frac{1}{2}\zeta_1^{\mathrm{T}}\frac{\Sigma_1}{\theta}\zeta_1-B_{n,11}^{\mathrm{T}}\zeta_1\text{。}$$

注意到 $L_n(\zeta)$ 是 ζ 的凸函数且 $L(\zeta_1)$ 有唯一的最小值，由 Geyer (1994)的特征值理论可得

$$\arg\ \min L_n(\zeta)=\sqrt{n}(\hat{\beta}^{\lambda}-\beta_{\tau})\xrightarrow{D}\arg\ \min L(\zeta_1),$$

则渐近正态性部分得证。

为了证明稀疏性，我们仅需要证明 $\hat{\beta}_2^{\lambda}=0$ 依概率趋于 1。这等同于证明：若 $\beta_{\tau j}=0$，则 $P(\hat{\beta}_j^{\lambda}\neq 0)\rightarrow 0$。注意到 $\left|\frac{\rho_\tau(t_2)-\rho_\tau(t_1)}{t_2-t_1}\right|\leqslant\max(\tau,1-\tau)<1$，若 $\hat{\beta}_j^{\lambda}\neq 0$，则我们有 $\sqrt{n}p'_{\lambda}(|\beta_j^{(0)}|)<n^{-1}\sum\limits_{i=1}^{n}\frac{1}{G_n(Y_i)}|X_{ij}|$。因此，$P(\hat{\beta}_j^{\lambda}\neq 0)\leqslant P\left(\sqrt{n}p'_{\lambda}(|\beta_j^{(0)}|)<n^{-1}\sum\limits_{i=1}^{n}\frac{1}{G_n(Y_i)}|X_{ij}|\right)$，结合 $\sqrt{n}p'_{\lambda}(|\beta_j^{(0)}|)\rightarrow\infty$，可得 $P(\hat{\beta}_j^{\lambda}\neq 0)\rightarrow 0$。

第五章　随机截断数据下变系数模型加权分位数回归和检验

5.1　方法和主要结果

5.1.1　背景和截断模型

假定$\{U_i,X_i,Y_i,\ i=1,\cdots,N\}$是独立同分布的随机样本，其中$N$是潜在的样本量。在随机截断的情况下，$(U,X,Y)$的观察值受另一个截断变量$T$的干扰，当且仅当$Y\geqslant T$时四个量$U$，$X$，$Y$和$T$可观察。当$Y<T$，一些变量的值观察不到。假定截断变量$T$与$(U,X,Y)$独立。

由于截断的发生，N是未知的，实际观察的样本量n是随机的且$n\leqslant N$。为了方便起见，我们记观察的样本为$\{U_i,X_i,Y_i,i=1,\cdots,n\}$且$Y_i\geqslant T_i$。令$\mathbb{P}$是与$N$样本相关的概率测度，而$P$是与$n$样本相关的概率测度。$\mathbb{E}$和$E$分别是对应于$\mathbb{P}$和$P$的期望。定义$F(y)=\mathbb{P}(Y\leqslant y)$，$G(t)=\mathbb{P}(T\leqslant t)$，$F(u,x,y)=\mathbb{P}(U\leqslant u,X\leqslant x,Y\leqslant y)$，$a_F=\inf\{y:F(y)>0\}$和$b_F=\sup\{y:F(y)<1\}$，其中$(a_F,b_F)$是$Y$的范围。对分布函数$G$，$a_G$和$b_G$可类似定义。令$\theta=\mathbb{P}(Y\geqslant T)$表示反应变量$Y$可观察的概率。因为$\theta=0$表示没有数据可观察，故在本章中假定$\theta>0$。

在这一节，记带上标*的分布函数表示与截断随机变量相关的分布函

数。因为 T 与(U,X,Y)独立，故(U,X,Y,T)的联合分布函数为

$$\begin{aligned} H^*(u,x,y,t) &= P(U\leqslant u,X\leqslant x,Y\leqslant y,T\leqslant t) \\ &= \mathbb{P}(U\leqslant u,X\leqslant x,Y\leqslant y,T\leqslant t\mid Y\geqslant T) \\ &= \frac{1}{\theta}\int_{w\leqslant u}\int_{s\leqslant x}\int_{a_G\leqslant v\leqslant y}G(v\wedge t)F(\mathrm{d}w,\mathrm{d}s,\mathrm{d}v), \end{aligned}$$

其中 $v\wedge t=\min(v,t)$。取 $t=+\infty$，(U,X,Y)的分布函数为 $F^*(\cdot,\cdot,\cdot)$：

$$F^*(u,x,y)=H^*(u,x,y,+\infty)=\frac{1}{\theta}\int_{w\leqslant u}\int_{s\leqslant x}\int_{a_G\leqslant v\leqslant y}G(u)F(\mathrm{d}w,\mathrm{d}s,\mathrm{d}v)$$

由此得

$$F(\mathrm{d}w,\mathrm{d}s,\mathrm{d}v)=\{\theta^{-1}G(y)\}^{-1}F^*(\mathrm{d}w,\mathrm{d}s,\mathrm{d}v)。\qquad(5.1.1)$$

注意到 $C(y)=\mathbb{P}(T\leqslant y\leqslant Y\mid Y\geqslant T)=\theta^{-1}G(y)\{1-F(y-)\}$。$C(y)$的经验估计量定义为 $C_n(y)=n^{-1}\sum_{i=1}^{n}I(T_i\leqslant y\leqslant Y_i)$。利用 Lynden-Bell (1971)的结论，F 和 G 的非参数极大似然估计量是下列的乘积限估计量

$$F_n(y)=1-\prod_{Y_i\leqslant y}\left[\frac{nC_n(Y_i)-1}{nC_n(Y_i)}\right],G_n(t)=\prod_{T_i>t}\left[\frac{nC_n(T_i)-1}{nC_n(T_i)}\right]。\qquad(5.1.2)$$

基于上述结论，$F(u,x,y)$的非参数估计量为：

$$F_n(u,x,y)=\theta_n\int_{w\leqslant u}\int_{s\leqslant x}\int_{v\leqslant y}\frac{1}{G_n(v)}F_n^*(\mathrm{d}w,\mathrm{d}s,\mathrm{d}v)。\qquad(5.1.3)$$

5.1.2　截断数据下加权的分位数估计

给定 $\tau(0<\tau<1)$，考虑下列的变系数分位数回归模型：

$$Y=\alpha_{0\tau}(U)+X^{\mathrm{T}}\alpha_\tau(U)+\varepsilon_\tau,\qquad(5.1.4)$$

其中 Y 是反应变量，$X\in\mathbf{R}^p$，$\alpha_{0\tau}(U)$，$\alpha_\tau(U)=(\alpha_{1\tau}(U),\cdots,\alpha_{p\tau}(U))^{\mathrm{T}}$ 是变量 U 的未知的函数，ε_τ是随机误差，给定条件(U,X)，其 τ 分位数为 0。模型(5.1.4)中 Y 的条件分位数回归模型为

$$Q_Y(\tau\mid U,X)=\alpha_{0\tau}(U)+X^{\mathrm{T}}\alpha_\tau(U)。\qquad(5.1.5)$$

假定$\{U_i, X_i, Y_i, i=1,\cdots,N\}$是来自模型(5.1.4)的独立同分布的样本，在没有截断的情况下，模型(5.1.5)中$\alpha_{0\tau}(\cdot)$，$\alpha_\tau(\cdot)$的分位数估计量是下列函数的最小值

$$\sum_{i=1}^{n}\rho_\tau\{Y_i-\alpha_{0\tau}(U_i)-X_i^{\mathrm{T}}\alpha_\tau(U_i)\},$$

它的积分形式为

$$\int\rho_\tau\{y-\alpha_{0\tau}(u)-x^{\mathrm{T}}\alpha_\tau(u)\}\hat{F}_n(\mathrm{d}u,\mathrm{d}x,\mathrm{d}y), \qquad (5.1.6)$$

其中$\hat{F}_n(u,x,y)$是$\{U_i, X_i, Y_i,\ i=1,\cdots,N\}$的经验分布。

在左截断情况下，我们用$F_n(u,x,y)$替代(5.1.6)中的$\hat{F}_n(u,x,y)$，得

$$\int\rho_\tau\{y-\alpha_{0\tau}(u)-x^{\mathrm{T}}\alpha_\tau(u)\}F_n(\mathrm{d}u,\mathrm{d}x,\mathrm{d}y)$$

$$=\theta_n\int_{w\leqslant u}\int_{s\leqslant x}\int_{v\leqslant y}\frac{1}{G_n(v)}\rho_\tau\{v-\alpha_{0\tau}(w)-s^{\mathrm{T}}\alpha_\tau(w)\}F_n^*(\mathrm{d}w,\mathrm{d}s,\mathrm{d}v)。 \qquad (5.1.7)$$

于是，通过使下列加权的分位数损失函数取最小值，我们获得模型(5.1.5)在左截断数据下$\alpha_{0\tau}(\cdot)$，$\alpha_\tau(\cdot)$的加权分位数估计量

$$\sum_{i=1}^{n}\frac{1}{G_n(Y_i)}\rho_\tau\{Y_i-\alpha_{0\tau}(U_i)-X_i^{\mathrm{T}}\alpha_\tau(U_i)\}。 \qquad (5.1.8)$$

注意到(5.1.8)包含了未知的非参数部分$\alpha_{0\tau}(\cdot)$和$\alpha_\tau(\cdot)$，这可由局部线性方法估计。具体地，当U接近u时，$\alpha_{j\tau}(U)(j=0,1,\cdots,p)$可局部线性近似为

$$\alpha_{j\tau}(U)\approx\alpha_{j\tau}(u)+\alpha_{j\tau}(u)(U-u):=a_{j\tau}+b_{j\tau}(U-u)。$$

则(5.1.5)可表示为

$$Q_Y(\tau|U,X)\approx a_{0\tau}+b_{0\tau}(U-u)+X^{\mathrm{T}}[\boldsymbol{a}_\tau+\boldsymbol{b}_\tau(U-u)], \qquad (5.1.9)$$

其中$\boldsymbol{a}_\tau=(a_{1\tau},\cdots,a_{p\tau})^{\mathrm{T}}$，$\boldsymbol{b}_\tau=(b_{1\tau},\cdots,b_{p\tau})^{\mathrm{T}}$。

令$(\hat{a}_{0\tau},\hat{b}_{0\tau},\hat{\boldsymbol{a}}_\tau,\hat{\boldsymbol{b}}_\tau)$是下列局部加权分位数损失函数的最小值

$$\sum_{i=1}^{n}\frac{K_h(U_i-u)}{G_n(Y_i)}\rho_\tau\{Y_i-a_0-b_0(U_i-u)-X_i^{\mathrm{T}}[\boldsymbol{a}+\boldsymbol{b}(U_i-u)]\}, \qquad (5.1.10)$$

其中 $K_h(\cdot)=K(\cdot/h)/h$，$K(\cdot)$是核函数，h 是窗宽。则$\hat{\alpha}_{0\tau}(u)=\hat{a}_{0\tau}$，$\hat{\alpha}_\tau(u)=\hat{\boldsymbol{a}}_\tau$。

为了方便起见，令 $F_\varepsilon(\cdot|U,X)$和 $f_\varepsilon(\cdot|U,X)$分别表示误差 ε 的条件分布函数和条件密度函数，$f_U(u)$是 U 的边际密度函数。核函数 $K(\cdot)$是对称的密度函数，记

$$\mu_j=\int u^jK(u)\mathrm{d}u,\nu_j=\int u^jK^2(u)\mathrm{d}u,j=0,1,2,\cdots。$$

为了得到提出的估计量的极限分布，我们添加一些常规的条件。定义 $B(u)=\mathbb{E}\{f_\varepsilon(0|U,X)(1,X^{\mathrm{T}})^{\mathrm{T}}(1,X^{\mathrm{T}})|U=u\}$。

(C1)F 和 G 是连续函数且 $a_G\leqslant a_F$；

(C2)随机变量 U 有有界的紧支撑 $\mathbb{U}$，它的密度函数 $f_U(\cdot)$是正的且对所有的 $u\in\mathbb{U}$，有连续的二阶导数；

(C3)核函数 $K(\cdot)$是对称的密度函数，具有有界的紧支撑且满足一阶 Lipschitz 条件；

(C4)当 $u\in\mathbb{U}$ 时，$\alpha_j(u)$是二次连续可微的，$j=0,1,\cdots,p$；

(C5)对所有的 $u\in U$，$B(u)$非奇异的，$f_\varepsilon(\cdot|U,X)$有连续且一致有界的导数且满足 $f_\varepsilon(\cdot|U,X)\geqslant c_0>0$。

对于分位数回归和变系数模型，这些条件一般被视为普遍的。特别地，条件(C1)，保证了观察的数据依概率 1 没有结且系数是可识别的。条件(C1) 与文献 Zhou(2011)中的条件(C2)一样，条件(C2)—(C5)见 Kai 等人(2011)。具体地，条件(C2)和(C5)确保 $B(u)$是可逆的且要求密度函数光滑。条件(C3)是包括 Epanechnikov 核在内的核函数的常规的条件。条件(C4)对局部线性估计量来说是必需的，因为 $\alpha_j(u)$的二阶导影响偏差。

定理 5.1.1 假定条件(C1)—(C5)成立。当 $n\to\infty$时，若 $h\to0$ 且 $nh\to\infty$，则 $\sqrt{nh}\left[\begin{pmatrix}\hat{\alpha}_{0\tau}(u)-\alpha_0(u)\\ \hat{\alpha}_\tau(u)-\alpha(u)\end{pmatrix}-\frac{\mu_2h^2}{2}\begin{pmatrix}\alpha''_0(u)\\ \alpha''(u)\end{pmatrix}\right]\xrightarrow{d}N(0,\frac{\tau(1-\tau)\theta\nu_0}{f_U(u)}B^{-1}(u)D(u)B^{-1}(u))$，其中 $D(u)=\mathbb{E}\{G^{-1}(Y)(1,X^{\mathrm{T}})^{\mathrm{T}}(1,X^{\mathrm{T}})|U=u\}$。

5.1.3 截断数据下加权的复合分位数估计

Zou 和 Yuan(2008)首次提出复合分位数回归估计方法，该方法一方面继承了分位数回归方法的稳健性，另一方面也显著的改进了分位数回归估计的效率，是一种有效且稳健的参数估计方法。Kai 等人(2010,2011)将它推广到局部多项式回归模型和半参数变系数部分线性模型。这个好的理论性质和有效性促使我们将半参数复合分位数回归方法应用到左截断数据下的变系数模型

$$Y=\alpha_0(U)+X^{\mathrm{T}}\alpha(U)+\varepsilon, \tag{5.1.11}$$

其中 $\alpha_0(U)$ 和 $\alpha(U)=(\alpha_1(U),\cdots,\alpha_p(U))^{\mathrm{T}}$ 是未知函数，ε 的均值为 0 且与 (U,X) 独立，其分布函数为 $F_\varepsilon(\cdot)$。

注意到

$$F_{Y|U,X}\{Q_Y(\tau|U,X)|U,X\}=\tau,$$

Y 的 τ 条件分位数函数为

$$Q_Y(\tau|U=u,X=x)=\alpha_0(u)+x^{\mathrm{T}}\alpha(u)+c_\tau, \tag{5.1.12}$$

其中 $c_\tau=F_\varepsilon^{-1}(\tau)$。令 q 是分位点的个数，$\tau_k=k/(q+1)$，$\rho_{\tau_k}(s)=s(\tau_k-I(s<0))$，$k=1,\cdots,q$。

令 $(\hat{\boldsymbol{a}}_0,\hat{b}_0,\hat{\boldsymbol{a}},\hat{\boldsymbol{b}})$ 是下列加权分位数损失函数的最小值

$$(\hat{\boldsymbol{a}}_0,\hat{b}_0,\hat{\boldsymbol{a}},\hat{\boldsymbol{b}}) = \arg\min_{\boldsymbol{a}_0,b_0,\boldsymbol{a},\boldsymbol{b}} \sum_{k=1}^{q}\sum_{i=1}^{n}\frac{K_h(U_i-u)}{G_n(Y_i)}$$

$$\rho_{\tau_k}\{Y_i-a_{0,k}-b_0(U_i-u)-X_i^{\mathrm{T}}[\boldsymbol{a}+\boldsymbol{b}(U_i-u)]\},$$

其中 $\boldsymbol{a}_0=(a_{0,1},\cdots,a_{0,q})^{\mathrm{T}}$，$\hat{\boldsymbol{a}}_0=(\hat{a}_{0,1},\cdots,\hat{a}_{0,q})^{\mathrm{T}}$。

于是 $\alpha_0(u)$，$\alpha(u)$ 的加权复合分位数估计量为

$$\hat{\alpha}_0(u)=\frac{1}{q}\sum_{k=1}^{q}\hat{a}_{0,k},\hat{\alpha}(u)=\hat{\boldsymbol{a}}。\tag{5.1.13}$$

为了得到加权复合分位数估计量的渐近性质，我们用下列条件替代条

件(C5)，这个条件也被 Kai 等人(2011)使用过。

(C6) $S_1(u)$ 的定义见定理 5.1.2，对所有的 $u\in\mathbb{U}$，$S_1(u)$ 是非奇异的，ε 的密度函数 $f_\varepsilon(\cdot)$ 有连续一致有界的导数且满足 $f_\varepsilon(\cdot)\geqslant c_0>0$。

定理 5.1.2　假定条件(C1)—(C4)和(C6)成立。当 $n\to\infty$ 时，若 $h\to0$ 且 $nh\to\infty$，则

$$\sqrt{nh}\left[\begin{pmatrix}\hat{a}_{0,1}-\alpha_0(u)-c_{\tau_1}\\ \vdots\\ \hat{a}_{0,q}-\alpha_0(u)-c_{\tau_q}\\ \hat{a}-\alpha(u)\end{pmatrix}-\frac{\mu_2h^2}{2}\begin{pmatrix}\alpha''_0(u)\\ \alpha''(u)\end{pmatrix}\right]\xrightarrow{d}\mathrm{N}\left(0,\frac{\theta\nu_0}{f_U(u)}S_1^{-1}(u)A(u)S_1^{-1}(u)\right),$$

其中

$$S_1(u)=\mathbb{E}\left\{\begin{pmatrix}C & \boldsymbol{c}X^T\\ X^T\boldsymbol{c} & cXX^T\end{pmatrix}\Big| U=u\right\},A(u)=\begin{pmatrix}A_{11}(u) & A_{12}(u)\\ A_{21}(u) & A_{22}(u)\end{pmatrix},c_{\tau_k}$$

$=F_\varepsilon^{-1}(\tau_k)$，$C$ 是一个 $q\times q$ 对角阵，$C_{jj}=f_\varepsilon(c_{\tau_j})$，$\boldsymbol{c}=(f_\varepsilon(c_{\tau_1}),\cdots,f_\varepsilon(c_{\tau_q}))^{\mathrm{T}}$，$c=\sum_{k=1}^{q}f_\varepsilon(c_{\tau_k})$，$A_{11}(u)=\lambda_{kk'}^0(u)$，$A_{12}(u)=\sum_{k'=1}^{q}\lambda_{kk'}^1(u)$，$A_{21}(u)=A_{12}^{\mathrm{T}}(u)$，$A_{22}(u)=\sum_{k=1}^{q}\sum_{k'=1}^{q}\lambda_{kk'}^2(u)$，$\lambda_{kk'}^i(u)=\sum_{1i}(u,\alpha_0(u)+x^{\mathrm{T}}\alpha(u)+(c_{\tau_k}\wedge c_{\tau_{k'}}))-\tau_k\sum_{1i}(u,\alpha_0(u)+x^{\mathrm{T}}\alpha(u)+c_{\tau_{k'}})-\tau_{k'}\sum_{1i}(u,\alpha_0(u)+x^{\mathrm{T}}\alpha(u)+c_{\tau_k})-\tau_k\tau_{k'}\sum_{2i}(u)$，$\sum_{1i}(u,y)=\int_{-\infty}^{\infty}\int_{-\infty}^{y}\frac{x^if(u,x,s)}{G(s)}\mathrm{d}x\mathrm{d}s$，$\sum_{2i}(u)=\int_{-\infty}^{\infty}\int_{-\infty}^{\infty}\frac{x^if(u,x,s)}{G(s)}\mathrm{d}x\mathrm{d}s$，$i=0,1,2$。

定理 5.1.3　假定条件(C1)—(C4)和(C6)成立。当 $n\to\infty$ 时，若 $h\to0$ 且 $nh\to\infty$，则

$$\sqrt{nh}\left\{\hat{\alpha}_0(u)-\alpha_0(u)-\frac{1}{q}\sum_{k=1}^{q}c_{\tau_k}-\frac{\mu_2h^2}{2}\alpha''_0(u)\right\}\xrightarrow{d}$$

$$\mathrm{N}\left(0,\frac{\theta\nu_0}{q^2f_U(u)}\mathbf{1}^{\mathrm{T}}\left[S_1^{-1}(u)A(u)S_1^{-1}(u)\right]_{11}\mathbf{1}\right),$$

$$\sqrt{nh}\left\{\hat{\alpha}(u)-\alpha(u)-\frac{\mu_2h^2}{2}\alpha_0''(u)\right\}\xrightarrow{d}\mathrm{N}\left(0,\frac{\theta\nu_0}{f_U(u)}\left[S_1^{-1}(u)A(u)S_1^{-1}(u)\right]_{22}\right),$$

其中$[\cdot]_{11}$和$[\cdot]_{22}$分别代表左上角 $q\times q$ 的矩阵和右下角的 $p\times p$ 子矩阵。

注 5.1.1 定理5.1.3是定理5.1.2的一个直接的结果。另一方面，复合分位数估计量比分位数估计量和最小二乘估计量更有效。这是显然的，因为复合分位数估计量联合不同分位点的信息而最小二乘估计仅使用了均值函数的信息。

注 5.1.2 定理5.1.3表明所得的估计量$\hat{\alpha}_0(u)$收敛到$\alpha_0(u)+q^{-1}\sum_{k=1}^{q}c_{\tau_k}$。显然，当 ε 的分布对称，$\hat{\alpha}_0(u)$是无偏的。当 ε 的分布非对称，$\hat{\alpha}_0(u)$的偏倚收敛到 ε 的均值，而这个均值随着 q 的增加趋于0。

5.1.4 基于 Bootstrap 的拟合优度检验

对于变系数模型，通常希望知道被估计的非参数函数是否显著远离零或它们是否真的变化。一般地，对模型(5.1.11)，希望检验非参数函数是否是某一个具体的函数形式

$$H_0: \psi(\cdot)=\psi_0(\cdot,\theta) \quad \text{vs} \quad H_1: \psi(\cdot)\neq\psi_0(\cdot,\theta), \tag{5.1.14}$$

其中 $\psi(\cdot)=(\alpha_0(\cdot),\alpha^{\mathrm{T}}(\cdot))^{\mathrm{T}}$，$\theta$ 是一个未知的参数，$\psi_0(\cdot,\theta)$是某一个已知函数。

在这一节，提出了一个新的检验方法来检验这个假设(5.1.14)。通过最小二乘方法或复合分位数估计方法，首先给出 θ 的估计量$\hat{\theta}$。利用 Fan 和 Huang(2005)的方法，在原假设下定义 RSS_0 为：

$$\mathrm{RSS}_0=\sum_{i=1}^{n}\{Y_i-X_i^{\mathrm{T}}\psi_0(U_i,\hat{\theta})\}^2,$$

其中 n 是观察样本的容量。类似地，在备择假设 H_1 下，RSS_1 的定义为 $\mathrm{RSS}_1=\sum_{i=1}^{n}(Y_i-X_i^{\mathrm{T}}\hat{\psi}(U_i))^2$，其中 $\hat{\psi}(u)$是加权的分位数回归估计量 $\mathrm{WQR}_{0.5}$ 或是 $\psi(u)$的加权的复合分位数估计量，即

$$\hat{\psi}(u)=\left(\hat{\alpha}_0(u)-\frac{1}{q}\sum_{k=1}^{q}\hat{c}_{\tau_k},\ \hat{\alpha}^{\mathrm{T}}(u)\right)^{\mathrm{T}},$$

其中 $\hat{\alpha}_0(u)$和 $\hat{\alpha}(u)$的定义见(5.1.13)，$\hat{c}_{\tau_k}$是 c_{τ_k}的估计量，$k=1,\cdots,q$。

根据文献 Fan 和 Huang(2005)，构造广义似然比检验统计量如下：

$$T_n=n\log\frac{\mathrm{RSS}_0}{\mathrm{RSS}_1}\approx n\frac{\mathrm{RSS}_0-\mathrm{RSS}_1}{\mathrm{RSS}_1}。$$

显然，当广义似然比检验统计量 T_n 的值较大时，拒绝原假设。然而，T_n 的渐近分布很难获得。因此，我们运用 Bootstrap 方法来逼近检验统计量的分布。具体地，基于 Bootstrap 检验的步骤如下：

步骤 1：基于截断样本$\{Y_i,U_i,X_i,T_i\}_{i=1}^{n}$，计算加权分位数回归估计量 $\mathrm{WQR}_{0.5}$或 $\hat{\psi}(U_i)$，$i=1,\cdots,n$ 的加权复合分位数回归估计量，以及广义似然比统计量 T_n。于是残差为 $\hat{\varepsilon}_i=Y_i-X_i^{\mathrm{T}}\hat{\psi}(U_i)$，$i=1,\cdots,n$。

步骤 2：产生 Bootstrap 样本$\{Y_i^*,X_i,U_i,T_i\}$，其中 $Y_i^*=X_i^{\mathrm{T}}\psi_0(U_i,\hat{\theta})+\hat{\varepsilon}_i$，$i=1,\cdots,n$。

步骤 3：重复步骤 2K 次，产生集合 $S_j=\{Y_i^*,X_i,U_i,T_i\}_{i=1}^{n}$，$j=1,\cdots,K$。基于 S_j 计算广义似然比统计量，记作 T_{nj}^*。

步骤 4：用样本$\{T_{nj}^*,j=1,\cdots,K\}$的 $1-\alpha$ 分位数来估计拒绝原假设 H_0 的临界值 c_α，其中 $0<\alpha<1$ 是显著性水平。

步骤 5：p 值可由 $\hat{p}=\#\{T_{nj}^*>T_n\}/K$ 估计，其中$\#\{A\}$代表事件 A 发生的次数。当 $\hat{p}\leqslant\alpha$ 拒绝原假设。

5.2　模拟研究和实例

5.2.1　模拟研究

在这一节，将通过模拟研究来评价提出的加权分位数回归估计量、加权复合分位数回归估计量以及基于 bootstrap 的检验方法在有限样本下的表现。核函数为 Epanechnikov 核 $K(u)=0.75(1-u^2)_+$。假定 $N=300$ 是固定的且观察到的样本 n 是随机的。(同样，也可固定 n 且容许 N 随机)模拟重复 100 次。本节通过采取 $\tau=0.5$ 时使得中位数平方误差(Median square error，MDSE)的平均达到最小来选取最优窗宽 h_{opt}。(见 Cai 等人(2000))。

注意到截断数据下 F 和 G 的乘积限估计量依赖 $C_n(\cdot)$,$C_n(y)$在数据范围内可能为 0,这会导致 $F_n(y)$和 $G_n(t)$在有限样本下的估计不合理，因此加权的分位数回归估计方法和加权的复合分位数回归估计方法可能会受到影响。故在模拟部分用

$$C_n^*(y)=\max\{C_n(y),1/n+1/n^2\},Y_{(1)}\leqslant y\leqslant Y_{(n)},$$

替代(5.1.2)中的 $C_n(y)$。

例 1 考虑下列的变系数分位数回归模型

$$Y=\alpha_0(U)+\alpha_1(U)X_1+\alpha_2(U)X_2+(\varepsilon-Q_\varepsilon(\tau)),$$

其中 $X=(X_1,X_2)^{\mathrm{T}}\sim N((0,0)^{\mathrm{T}},I_2)$,$I_2$ 是 2×2 单位阵。$U\sim U(0,1)$,$\alpha_0(U)=4+\sin(6\pi U)$,$\alpha_1(U)=2\cos(2\pi U)$,$\alpha_2(U)=4U(1-U)$,$Q_\varepsilon(\tau)$是 ε 的 τ 分位数。对 ε,考虑 5 种不同的分布：$N(0,1)$；对数正态分布 $\ln N(0,1)$;非中心的 t 分布 $nct(3,2)$;卡方分布 $\chi^2(2)$和 F 分布 $F(4,6)$。在本例中，为方便起见，固定 $N=300$，截断变量 T 是根据均值为 λ_0 的指数分布独立产生，λ_0 的选择见表格 5-1,确保在不同的误差分布下,样本数据的截断率大约是 10%和 30%。

首先，表格 5-1 给出了信噪比。由表格 5-1 可以看到,在相同的误差分布下，对不同的 τ 和截断率，信噪比几乎相等。其中信噪比(Signal-to-noise ratio，SNR)的定义为

$$\frac{\{\alpha_0(U_i)+\alpha_1(U_i)X_{i1}+\alpha_2(U_i)X_{i2}\}\text{的样本方差}}{\{\varepsilon_i\}\text{的样本方差}}。$$

未知函数的估计量的表现通过下列的平均平方误差(average square error,

ASE)来评价，

$$\mathrm{ASE}=\frac{1}{3n}\sum_{d=0}^{2}\sum_{i=1}^{n}\{\hat{\alpha}_d(U_i)-\alpha_d(U_i)\}^2。$$

基于不同的 τ,在两种截断率下,我们利用 omniscient 分位数回归方法(Omniscient quantile regression, OQR)，本章提出的加权的分位数回归方法(WQR)以及 naive 分位数回归方法(Naive quantile regression, NQR)来评价未知函数估计量的平均平方误差。Omniscient 估计量是在完全数据下通过分位数拟合获得，其样本量为 N。Naive 估计量是在截断数据下运用分位数回归获得，其样本量为 n。进一步，在 $\tau=0.50$ 时，本节还比较了加权的分位数回归方法和最小二乘方法(LS)。非参数函数估计量的平均平方误差见表 5-1。

图 5-1(其样本来自例 1)在三种误差分布以及两种截率下，给出了 $\alpha_1(U)$在 OQR 方法、WQR 方法、NQR 方法以及最小二乘方法下的估计曲线。而且，为了给出条件分位数估计一个更直观的表现，在图 5-2 中，下面给出了 $Q_Y(\tau|U=u,X)$，$u=(1/n,2/n,\cdots,n/n)$ 的散点图，真实的分位数曲线图以及估计的分位数曲线图。

由表 5-1 和图 5-1，有如下发现。首先，Omniscient 估计量的表现最好，因为它使用了所有的样本数据。其次，当误差服从标准正态分布且 $\tau=0.5$ 时，最小二乘方法稍微比加权的分位数回归方法好一点。然而，在误差是其他几种分布的情况下，加权的分位数回归方法比最小二乘方法好。主要的原因是最小二乘方法对异常值非常敏感，而分位数方法在大多数情况下比较稳健。再者，当 τ 固定时，随着截断率的增加,加权的分位数回归估计量和 Naive 估计量的平均平方误差变大。而且,图 5-1 表明:加权的分位数回归方法可以很好的估计条件分位数。

表 5-1 不同误差分布下，例 1 中 ASE 及 SNR 的均值

τ	TR	Method	$N(0,1)$	$\ln N(0,1)$	$nct(3,2)$	$\chi^2(2)$	$F(4,6)$
0.25	10%	λ_0	1.50	1.60	1.60	1.75	1.60
		SNR	2.64	0.61	0.44	0.64	0.75
		OQR	0.1344	0.1041	0.1400	0.1233	0.1074
		WQR	0.1541	0.1151	0.1718	0.1439	0.1171
		NQR	0.1504	0.1195	0.1778	0.1576	0.1183
	30%	λ_0	3.40	3.70	3.75	3.85	3.60
		SNR	2.62	0.51	0.39	0.58	0.64
		OQR	0.1344	0.1041	0.1400	0.1233	0.1074
		WQR	0.1798	0.1358	0.2189	0.1826	0.1336
		NQR	0.1640	0.1426	0.2373	0.2135	0.1337
0.5	10%	λ_0	1.05	1.30	1.05	1.20	1.25
		SNR	2.58	0.59	0.42	0.62	0.73
		LS	0.1318	0.3526	0.4154	0.3324	0.2790
		OQR	0.1199	0.1314	0.1632	0.1713	0.1230
		WQR	0.1359	0.1473	0.1953	0.2027	0.1327
		NQR	0.1449	0.1703	0.2219	0.2418	0.1491
	30%	λ_0	2.80	3.25	2.90	3.10	3.10
		SNR	2.56	0.49	0.37	0.56	0.62
		LS	0.1455	0.3495	0.4706	0.3724	0.2978
		OQR	0.1199	0.1314	0.1632	0.1713	0.1230
		WQR	0.1585	0.1697	0.2355	0.2409	0.1482
		NQR	0.1607	0.2418	0.3461	0.3743	0.1928

续 表

τ	TR	Method	$N(0,1)$	$\ln N(0,1)$	$nct(3,2)$	$\chi^2(2)$	$F(4,6)$
0.75	10%	λ_0	0.60	0.65	0.15	0.25	0.75
		SNR	2.50	0.55	0.40	0.57	0.69
		OQR	0.1366	0.2454	0.2787	0.3009	0.2102
		WQR	0.1533	0.3110	0.3889	0.4064	0.2444
		NQR	0.1608	0.3528	0.4017	0.4286	0.2747
	30%	λ_0	2.15	2.30	1.80	1.80	2.30
		SNR	2.48	0.46	0.35	0.51	0.58
		OQR	0.1366	0.2454	0.2787	0.3009	0.2102
		WQR	0.1641	0.3535	0.4690	0.4706	0.2699
		NQR	0.1910	0.6519	0.7824	0.7555	0.4156

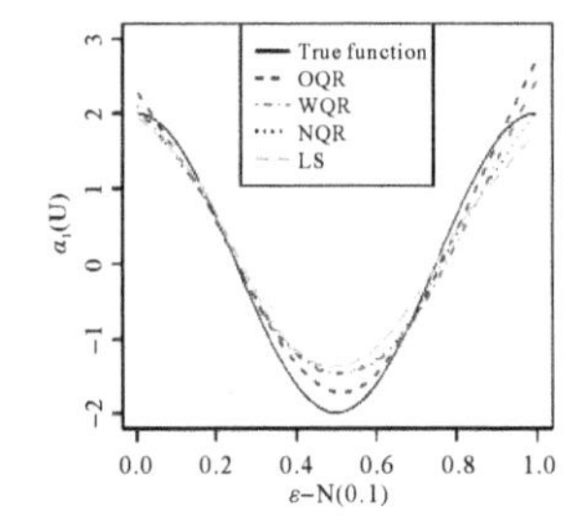

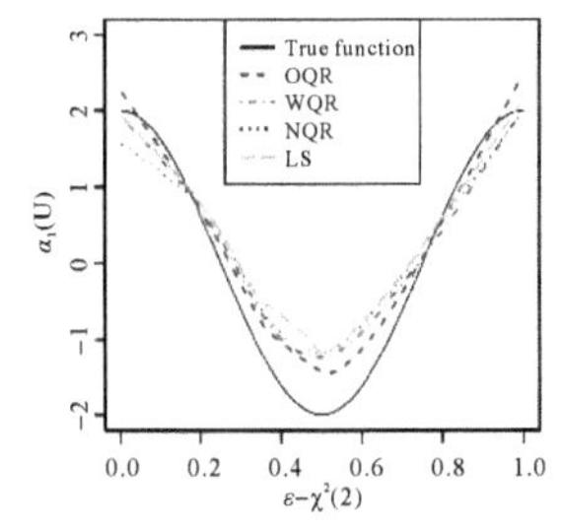

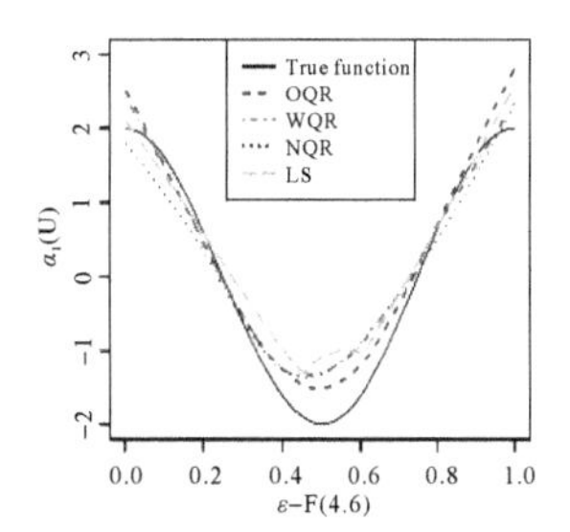

图 5-1 $\alpha_1(U)$在三种误差分布下的估计曲线,$TR=30\%$,$\tau=0.5$。

例 2 在此例中，给定 $\tau=0.50$，比较加权复合分位数回归方法(WCQR_q)、加权分位数回归方法($\mathrm{WQR}_{0.5}$)和最小二乘方法下的估计量的表现。进一步，为了检查加权复合分位数回归估计量中 q 变化产生的影响，考虑 $q=5,9,19$。数据来自下列模型

$$Y=\alpha_1(U)X_1+\alpha_2(U)X_2+\varepsilon。$$

反应变量，协变量和非参数函数同例 1。对 ε，考虑 5 种误差分布情形：$N(0,1)$；$t(3)$；柯西分布；对数正态分布 $\ln N(0,0.5)$以及混合正态分布 $0.9N(0,1)+0.1N(0,10^2)$。在下列模拟中，调整对数正态分布的均值，使其为 0。截断变量 $T\sim \mathrm{Exp}(1)-\lambda_1$，其中 λ_1 的选取见表 5-2，使得在不

同情形数据截断率大约为10%和30%。信噪比结果见表5-2。

表5-2给出了加权分位数估计量或复合加权分位数估计量同最小二乘估计量基于平均平方误差的比较。其中$N=300$，每个模拟重复100次，平均平方误差比(the ratio of average square error，RASE)的定义如下

$$\mathrm{RASE}(\hat{\alpha})=\frac{\mathrm{ASE}(\hat{\alpha}_{\mathrm{LS}})}{\mathrm{ASE}(\hat{\alpha})},$$

其中$\hat{\alpha}$表示加权分位数估计量或加权复合分位数估计量，$\hat{\alpha}_{\mathrm{LS}}$是最小二乘估计量。若$\mathrm{RASE}(\hat{\alpha})$大于1，则$\hat{\alpha}$优于最小二乘估计量，反之亦然。进一步，为了用图形显示结果，基于形状参数为1，尺度参数为0.5的Weibull分布，图5-3给出了$\mathrm{ASE}(\hat{\alpha})$基于5种估计量的箱线图。当$\varepsilon$服从Weibull分布时，$\lambda_1$分别取3.45和1.89，使得数据的截断率大约为10%和30%。

由表格5-2和图5-3，可以发现：第一，除标准正态分布，在其他几种分布下，加权分位数回归估计量和加权复合分位数回归估计量比最小二乘估计量的表现好。潜在的原因是，在有异常值的情形下，加权分位数回归方法和复合加权分位数回归方法比最小二乘方法稳健。第二，对其他的误差分布，加权复合分位数回归估计量的表现最好，有最小的均方误差和最大的均方误差的相对率，最小二乘估计量的表现最差。这并不奇怪，因为加权复合分位数估计量包含多个位置的信息，因此能改进非参数函数估计量的有效性。第三，当误差分布对称时，q的变化对加权复合分位数估计量的均方误差和均方误差的相对率的影响最小；随着q的增加，加权复合分位数估计量的表现越好。第四，对每一种估计方法和给定的误差分布，截断率越小，估计量的表现越好。综上所述，在实际应用中，尤其是有异常值时，推荐使用加权复合分位数回归方法。

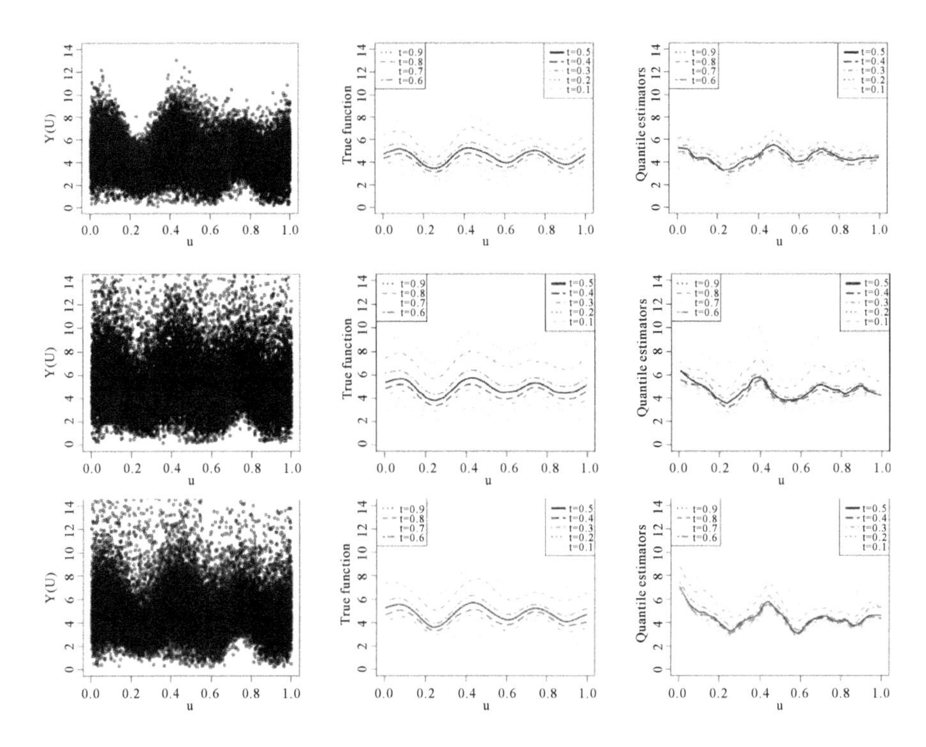

图5-2　误差服从 $N(0,1)$(第 1 行)，$\chi^2(2)$(第 2 行)和 $F(4,6)$(第 3 行)及 $\tau=0.5$ 下的散点图(第 1 列)，真实的分位数曲线(第 2 列)和估计的分位数曲线(第 3 列)。

表 5-2　例 2 中 RASE 及 SNR 的均值(括号中为 ASE 的均值)

TR	Method	$N(0,1)$	$t(3)$	Cauchy	$\ln N(0,0.5)$	Mixture
10%	λ_1	3.60	4.00	5.20	3.50	4.01
	SNR	2.18	1.03	0.04	5.37	1.30
	$WQR_{0.5}$	0.8255 (0.0508)	1.0750 (0.0633)	245058 (0.0917)	1.2136 (0.0352)	1.0145 (0.1177)
	$WCQR_5$	1.0971 (0.0381)	1.3086 (0.0486)	134712 (0.1122)	1.5390 (0.0280)	1.3272 (0.0897)
	$WCQR_9$	1.0974 (0.0380)	1.2973 (0.0489)	131858 (0.1131)	1.5533 (0.0278)	1.3508 (0.0884)
	$WCQR_{19}$	1.1034 (0.0378)	1.2944 (0.0488)	125998 (0.1144)	1.5687 (0.0275)	1.3602 (0.08790)

续　表

TR	Method	$N(0,1)$	$t(3)$	Cauchy	$\ln N(0,0.5)$	Mixture
30%	λ_1	1.95	2.10	2.30	1.90	2.18
	SNR	2.01	0.92	0.03	4.00	1.28
	$\mathrm{WQR}_{0.5}$	0.6814 (0.1055)	1.2608 (0.1116)	471.6828 (0.1856)	1.1390 (0.0504)	0.7706 (0.1826)
	WCQR_5	0.8477 (0.0857)	1.3380 (0.0978)	497.8664 (0.1732)	1.4386 (0.0400)	1.0222 (0.1395)
	WCQR_9	0.8278 (0.0877)	1.3224 (0.0993)	497.5568 (0.1776)	1.4440 (0.0398)	1.0221 (0.1397)
	WCQR_{19}	0.8193 (0.0886)	1.3149 (0.0999)	496.5729 (0.1834)	1.4576 (000396)	1.0217 (0.1400)

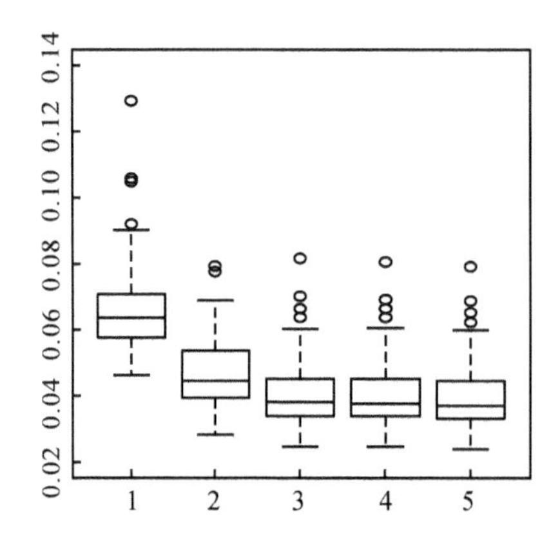

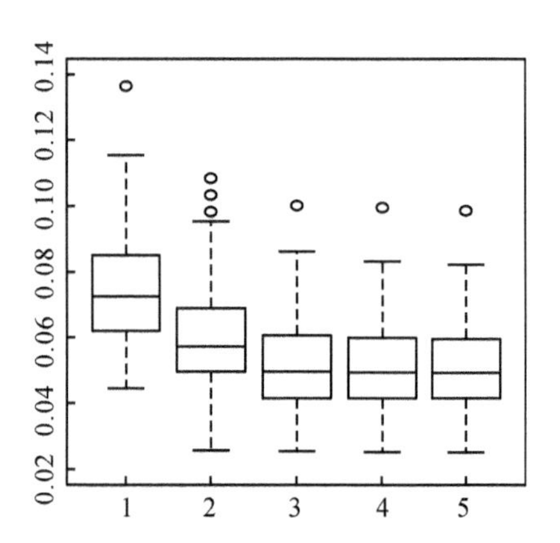

图 5-3　基于 5 种估计量的 Weibull 分布下 ASE($\hat{\alpha}$)的箱线图：*TR*=10%(左)，*TR*=30%(右)。“1,2,3,4,5”分别代表以下五种估计方法“LS，$\mathrm{WQR}_{0.5}$，WCQR_5，WCQR_9，WCQR_{19}”

例 3　为了评价基于 Bootstrap 检验方法的性能，考虑左截断数据下的变系数模型：

$$Y=a(U)X+\varepsilon,$$

其中 $X\sim N(1,1)$，$U\sim U(0,1)$，截断变量 $T\sim \mathrm{Exp}(1)-3$。考虑三种不同的误差分布：$N(0,1)$，$0.9N(0,1)+0.1N(0,10^2)$和 $t(3)$。真实的系数函数为 $\alpha(U)$

$=4U(1-U)+\theta$,且 $\theta=0,0.1,0.2,0.3,0.4,0.5$。我们的目的是检验

$$H_0:\alpha(U)=4U(1-U) \text{ vs } H_1:\alpha(U)\neq 4U(1-U)。$$

样本容量、模拟重复的次数以及 Bootstrap 重复次数都为 100。显著性水平 $\alpha=0.05$。

图 5-4 给出了检验统计量 T_n 基于 $WCQR_5$ 和 $WQR_{0.5}$ 的功效曲线。从中观察到:在所有情形中,基于 $WCQR_5$ 和 $WQR_{0.5}$ 的检验统计量 T_n 的功效随着 θ 的增加而增加;对固定的 θ,基于 $WCQR_5$ 的检验统计量的功效比基于 $WQR_{0.5}$ 的检验统计量的功效大,故基于 $WCQR_5$ 的检验统计量比基于 $WQR_{0.5}$ 的检验统计量的表现更好。具体地,当原假设成立且误差服从标准正态分布时,基于 $WCQR_5$ 和 $WQR_{0.5}$ 的检验统计量的经验水平均为 0.05;当误差服从混合正态分布时,基于 $WCQR_5$ 和 $WQR_{0.5}$ 的检验统计量的经验水平分别为 0.04 和 0.02;当误差分布服从 t 分布时,基于 $WCQR_5$ 和 $WQR_{0.5}$ 的检验统计量的经验水平分别为 0.05 和 0.02。

总的来说,基于 $WCQR_5$ 的检验统计量的经验水平比基于 $WQR_{0.5}$ 的检验统计量的经验水平更接近事先给定的 0.05,故基于 $WCQR_5$ 的检验统计量可以更好的控制第一类错误。本章提出的基于 Bootstrap 的检验方法不仅可以有更高的功效区分原假设和备择假设,而且对误差分布有一定的稳健性。

5.2.2　应用实例

在这一节,我们把加权分位数回归方法、加权复合分位数回归方法与最小二乘方法进行比较,并运用到 Melbourne CPI 数据集,该数据可从澳大利亚统计局(www.abs.gov.au)下载。数据收集了从 1972 年 9 月到 2016 年 9 月期间共 $N=176$ 组样本。我们主要探索 All groups CPI(Y)和 8 个记录的变量之间潜在的关系:食品和非酒精饮料(X_1),酒精和烟草(X_2),衣物与鞋类(X_3),住房(X_4),家具、家用设备和服务(X_5),运输

(X_6),通信(X_7),教育(X_8)。记 $X=(X_1,\cdots,X_8)^T$,时间变量 $U=(1/N,2/N,\cdots,1)^T$。注意到当且仅当 $Y\geqslant 31$ 时 (Y,X,U) 才能观察到且可观察到子集的元素个数是 138,因此该数据集的截断率为 21.591%。

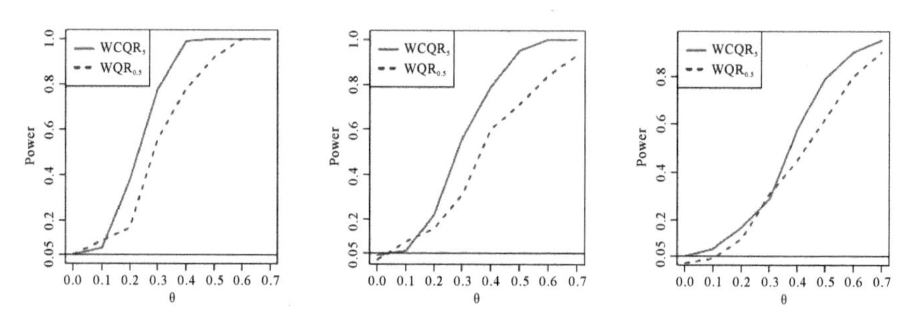

图 5-4　基于 $WQR_{0.5}$ 和 $WCQR_5$ 的检验统计量 *Tn* 在三种误差分布下的功效曲线:标准正态(左),混合正态(中)和 t(3)(右)。

利用下列的变系数模型

$$Y=\alpha_0(U)+\sum_{k=1}^{8}X_k\alpha_k(U)+\varepsilon \tag{5.2.1}$$

来拟合数据。我们的估计基于 Epanechnikov 核,$\tau=0.50$ 时,最优窗宽 $h_{opt}=0.35$。Bootstrap 检验重复次数为 500。首先,利用基于 bootstrap 的检验程序来检验模型(5.2.1)是否是线性模型,即检验

$$H_0:(\alpha_0(U),\alpha^T(U))^T=\theta \text{ vs } H_1:(\alpha_0(U),\alpha^T(U))^T\neq\theta,$$

其中 θ 是未知的参数向量且 $\alpha(\cdot)=(\alpha_1(\cdot),\cdots,\alpha_8(\cdot))^T$。借助 $WCQR_5$ 估计方法,得到 θ 的估计量是

$$\hat{\theta}=(0.7549,0.2481,0.1464,0.0893,0.0948,0.1181,0.1978,0.0046,0.0964)^T。$$

假设检验的 p 值是 0,故在显著性水平 $\alpha=0.05$ 下,拒绝模型是线性模型的假设。因此协变量的系数应被假设为变系数的,故使用变系数模型(5.2.1)来拟合 Melbourne CPI 数据。预测误差被用来评价 5 种估计方法的相对有效性,其定义为 $n^{-1}\sum_{i\in A}(\hat{Y}_i-Y_i)^2$,$\hat{Y}_i$ 是 Y_i 的拟合值且 $A=\{k\mid Y_k\geqslant 31\}$。预测误差的结果见表格 5-3。进一步,基于 LS,$WQR_{0.5}$ 和 $WCQR_5$ 方法的未知函数的估计曲线见图 5-5。

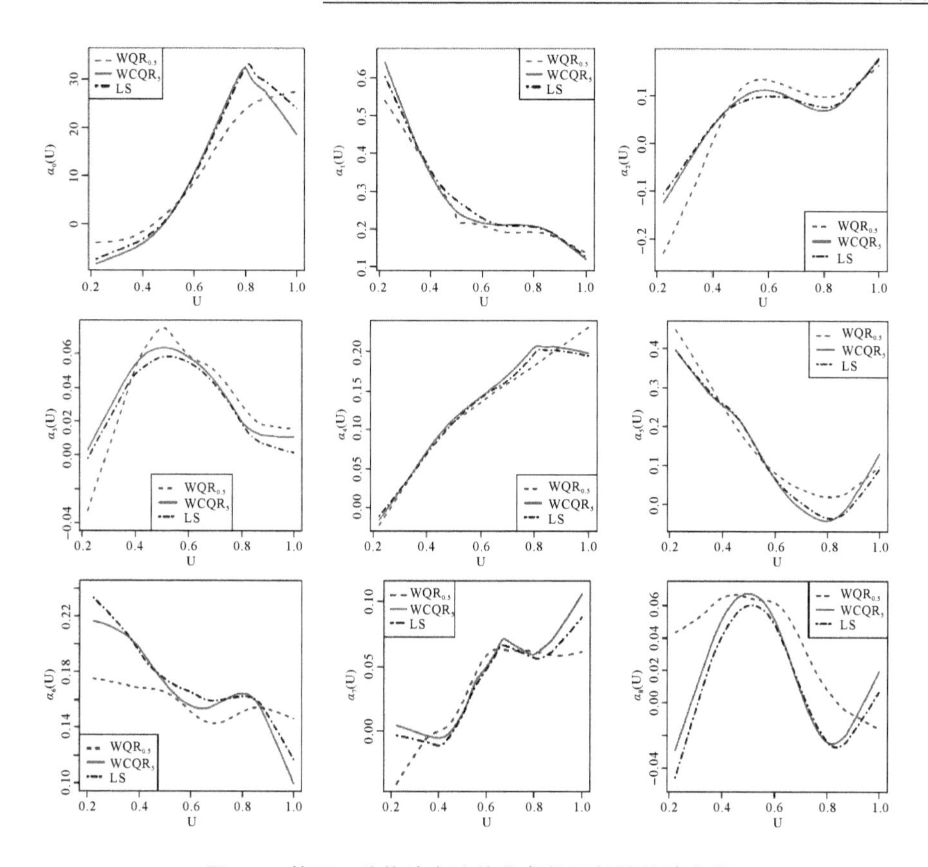

图 5-5　基于三种估计方法的非参数函数的估计曲线

表 5-3　Melbourne CPI 数据的预测误差结果

方法	$WQR_{0.5}$	$WCQR_5$	$WCQR_9$	$WCQR_{19}$	LS
预测误差	0.0193	0.0135	0.0134	0.0135	0.0153

由表格 5-3，可以发现：加权复合分位数回归方法的预测误差最小。故它的表现最好。图 5-5 给出了 9 个函数关于时间变量 U 的变化趋势。例如，$\alpha_4(U)$ 是正的且随着时间的增加而增加，这是合理的，因为近年来住房的影响越来越大。其次，$\alpha_1(U)$ 的曲线表明食品和非酒精饮料的影响越来越小。再者，$\alpha_3(U)$ 和 $\alpha_8(U)$ 的 CQR 的估计曲线表明衣物与鞋类和教育对 CPI 的影响在 $U=0.5$（即 1994 年 8 月）时开始都减小，而教育的影响在 2008 年 8 月以后越来越大。

5.3 主要结果的证明

引理 5.3.1 令 $(X_1,Y_1),\cdots,(X_n,Y_n)$ 表示独立同分布的随机向量。假定 $E\mid Y\mid^r<\infty,\sup_x\int\mid y\mid^r f(x,y)\mathrm{d}y<\infty$，其中 f 表示 (X,Y) 的联合密度函数。K 是一个有界的正函数且有一个有界的支撑，满足 Lipschitz 条件。则对某一 $\varepsilon<1-r^{-1}$，当 $n^{2\varepsilon-1}h\to\infty$ 时，有

$$\sup_x\left|\frac{1}{n}\sum_{i=1}^n[K_h(X_i-x)Y_i-E(K_h(X_i-x)Y_i)]\right|=O_p\left(\frac{\log^{1/2}(1/h)}{\sqrt{nh}}\right)。$$

引理 5.3.1 由 Mack 和 Silverman(1982)的结果可得。

引理 5.3.2 (Lv 等人(2015))假定 $A_n(s)$ 是凸函数且可以表示为 $\frac{1}{2}s^{\mathrm{T}}Vs+U_n^{\mathrm{T}}s+C_n+r_n(s)$，其中 V 对称正定矩阵，U_n 是随机有界变量，C_n 是任意的，对每一个 s，$r_n(s)$ 依概率收敛到 0。则 A_n 的最小值 α_n 和 $\frac{1}{2}s^{T}Vs+U_n^{\mathrm{T}}s+C_n$ 的最小值 $\beta_n=-V^{-1}U_n$ 只相差 $o_p(1)$。若同时有 $U_n\xrightarrow{d}U$，则有 $\alpha_n\xrightarrow{d}-V^{-1}U$。

定理 5.1.1 的证明 定理 5.1.1 的证明与定理 5.1.2 的证明思路类似，这里省略。

定理 5.1.2 的证明 令

$$\eta_{i,k}^*=I(\varepsilon_i-c_{\tau_k}+r_i(u)\leqslant 0)-\tau_k,\eta_{i,k}=I(\varepsilon_i-c_{\tau_k}\leqslant 0)-\tau_k,$$

$$\delta_n=\left(\frac{\log(1/h)}{nh}\right)^{1/2}。$$

注意到 $\{\hat{a}_{0,1},\cdots,\hat{a}_{0,q},\hat{\boldsymbol{a}},\hat{b}_0,\hat{\boldsymbol{b}}\}$ 是下列式子的最小值

$$\sum_{k=1}^q\left[\sum_{i=1}^n\frac{1}{G_n(Y_i)}\rho_{\tau_k}[Y_i-a_{0,k}-b_0(U_i-u)-X_i^{\mathrm{T}}\{\boldsymbol{a}+\boldsymbol{b}(U_i-u)\}]K_h(U_i-u)\right]。$$

记

$$\hat{\xi}=\sqrt{nh}\begin{pmatrix}\hat{a}_{0,1}-\alpha_0(u)-c_{\tau_1}\\ \vdots\\ \hat{a}_{0,q}-\alpha_0(u)-c_{\tau_q}\\ \hat{\boldsymbol{a}}-\alpha(u)\\ h(\hat{b}_0-\alpha'_0(u))\\ h(\hat{\boldsymbol{b}}-\alpha'(u))\end{pmatrix},\xi=\sqrt{nh}\begin{pmatrix}a_{0,1}-\alpha_0(u)-c_{\tau_1}\\ \vdots\\ a_{0,q}-\alpha_0(u)-c_{\tau_q}\\ \boldsymbol{a}-\alpha(u)\\ h(b_0-\alpha'_0(u))\\ h(\boldsymbol{b}-\alpha'(u))\end{pmatrix},N_{i,k}=\begin{pmatrix}\boldsymbol{e}_k\\ X_i\\ \frac{U_i-u}{h}\\ X_i\frac{U_i-u}{h}\end{pmatrix},$$

$\boldsymbol{e}_k$ 是一个 q 维向量，在第 k 个位置的元素是 1，而在其他地方是 0。

$Y_i-a_{0,k}-b_0(U_i-u)-X_i^{\mathrm{T}}\{\boldsymbol{a}+\boldsymbol{b}(U_i-u)\}=\varepsilon_i-c_{\tau_k}+r_i(u)-N_{i,k}^{\mathrm{T}}\xi/\sqrt{nh}:=\varepsilon_i-c_{\tau_k}+r_i(u)-\Delta_{i,k}$，

其中 $r_i(u)=\alpha_0(U_i)-\alpha_0(u)-\alpha'_0(u)(U_i-u)+X_i^{\mathrm{T}}\{\alpha(U_i)-\alpha(u)-\alpha'(u)(U_i-u)\}$，$K_i(u)=K\left(\frac{U_i-u}{h}\right)$，则 $\hat{\xi}$ 是下式最小值

$$Q_n(\xi)=\sum_{k=1}^{q}\sum_{i=1}^{n}\frac{K_i(u)}{G_n(Y_i)}\Big[\rho_{\tau_k}(\varepsilon_i-c_{\tau_k}+r_i(u)-N_{i,k}^{\mathrm{T}}\xi/\sqrt{nh})-\rho_{\tau_k}(\varepsilon_i-c_{\tau_k}+r_i(u))\Big]。$$

根据 Knight(1998)中的等式，

$$\rho_\tau(u-v)-\rho_\tau(u)=-v\,\psi_\tau(u)+\int_0^v[I(u\leqslant s)-I(u\leqslant 0)]\mathrm{d}s,$$

其中 $\psi_\tau(u)=\tau-I(u\leqslant 0)$，于是可得

$$\begin{aligned}Q_n(\xi)&=\sum_{k=1}^{q}\sum_{i=1}^{n}\frac{K_i(u)}{G_n(Y_i)}\Big[\frac{N_{i,k}^{\mathrm{T}}\xi}{\sqrt{nh}}\{I(\varepsilon_i-c_{\tau_k}+r_i(u))-\tau_k\}\\&\quad+\int_0^{\Delta_{i,k}}[I(\varepsilon_i-c_{\tau_k}+r_i(u)\leqslant z)-I(\varepsilon_i-c_{\tau_k}\leqslant 0)]\mathrm{d}z\Big]\\&=\frac{1}{\sqrt{nh}}\sum_{k=1}^{q}\sum_{i=1}^{n}\frac{K_i(u)}{G_n(Y_i)}N_{i,k}^{\mathrm{T}}\xi\{I(\varepsilon_i-c_{\tau_k}+r_i(u)\leqslant 0)-\tau_k\}\\&\quad+\sum_{k=1}^{q}\sum_{i=1}^{n}\frac{K_i(u)}{G_n(Y_i)}\int_0^{\Delta_{i,k}}[I(\varepsilon_i-c_{\tau_k}+r_i(u)\leqslant z)-I(\varepsilon_i-c_{\tau_k}+r_i(u)\leqslant 0)]\mathrm{d}z\\&:=W_{n,k}^{\mathrm{T}}(u)\xi+\sum_{k=1}^{q}B_{n,k}(\xi),\end{aligned}$$

其中 $W_{n,k}(u)=\frac{1}{\sqrt{nh}}\sum_{k=1}^{q}\sum_{i=1}^{n}\frac{K_i(u)}{G_n(Y_i)}\eta_{i,k}^{*}N_{i,k}$，$\eta_{i,k}^{*}=I(\varepsilon_i-c_{\tau_k}+r_i(u)\leqslant 0)-\tau_k$

首先，我们证明 $E\left\{\sum_{k=1}^{q}B_{n,k}(\xi)\right\}=\frac{1}{2}\xi^{\mathrm{T}}\frac{f_U(u)}{\theta}S(u)\xi$。

令 $\widetilde{B}_{n,k}(\xi)=\sum_{i=1}^{n}\frac{K_i(u)}{G(Y_i)}\int_0^{\Delta_{i,k}}\{I(\varepsilon_i\leqslant c_{\tau_k}-r_i(u)+z)-I(\varepsilon_i\leqslant c_{\tau_k}-r_i(u))\}\mathrm{d}z$，$\Delta(u,x,\mu)$ 和 $r_i(u,x,\mu)$ 是 $N_{i,k}^{\mathrm{T}}\xi/\sqrt{nh}$ 和 $r_i(u)$ 中的 X_i，U_i 被 x，μ 替代。

因为 $\widetilde{B}_{n,k}(\xi)$ 是独立同分布的随机变量的核形式的和，根据引理 5.3.1，我们有 $\widetilde{B}_{n,k}(\xi)=E[\widetilde{B}_{n,k}(\xi)]+O_p(\delta_n)$。$\widetilde{B}_{n,k}(\xi)$ 的期望为

$$
\begin{aligned}
E\{\widetilde{B}_{n,k}(\xi)\}&=\sum_{k=1}^{q}\sum_{i=1}^{n}E\left[\frac{K_i(u)}{G(Y_i)}\int_0^{\Delta_{i,k}}\{I(\varepsilon_i\leqslant c_{\tau_k}-r_i(u)+z)-I(\varepsilon_i\leqslant c_{\tau_k}-r_i(u))\}\mathrm{d}z\right]\\
&=\sum_{k=1}^{q}\sum_{i=1}^{n}\iiint\frac{1}{G(y)}K(\frac{\mu-u}{h})\int_0^{\Delta(u,x,\mu)}[I(y\leqslant\alpha_0(\mu)+x^{\mathrm{T}}\alpha(\mu)+c_{\tau_k}\\
&\quad-r_i(u,x,\mu)+z)-I(y\leqslant\alpha_0(\mu)+x^{\mathrm{T}}\alpha(\mu)+c_{\tau_k}-r_i(u,x,\\
&\quad\mu))]\mathrm{d}zf^{*}(x,\mu,y)\mathrm{d}x\mathrm{d}\mu\mathrm{d}y\\
&=\frac{1}{\theta}\sum_{k=1}^{q}\sum_{i=1}^{n}\mathbb{E}\{K_i(u)\int_0^{\Delta_{i,k}}\{I(\varepsilon_i\leqslant c_{\tau_k}-r_i(u)+z)\\
&\quad-I(\varepsilon_i\leqslant c_{\tau_k}-r_i(u))\}\mathrm{d}z\}\\
&=\frac{1}{\theta}\sum_{k=1}^{q}\sum_{i=1}^{n}\mathbb{E}\{K_i(u)\mathbb{E}\left\{\int_0^{\Delta_{i,k}}[\{I(\varepsilon_i\leqslant c_{\tau_k}-r_i(u)+z)\right.\\
&\quad\left.-I(\varepsilon_i\leqslant c_{\tau_k}-r_i(u))\}\mathrm{d}z\}\mid U]\}\right\}\\
&=\frac{1}{\theta}\sum_{k=1}^{q}\sum_{i=1}^{n}\mathbb{E}\{K_i(u)\int_0^{\Delta_{i,k}}[F_{\varepsilon_i}(c_{\tau_k}-r_i(u)+z)-F_{\varepsilon_i}(c_{\tau_k}-r_i(u))]\mathrm{d}z\}\\
&=\frac{1}{\theta}\sum_{k=1}^{q}\sum_{i=1}^{n}\mathbb{E}\left\{K_i(u)\int_0^{\Delta_{i,k}}[f_{\varepsilon_i}(c_{\tau_k}-r_i(u))z+o(1)]\mathrm{d}s\right\}\\
&=\frac{1}{2\theta}\xi^{\mathrm{T}}\mathbb{E}\left\{\frac{1}{nh}\sum_{k=1}^{q}\sum_{i=1}^{n}K_i(u)f_{\varepsilon_i}(c_{\tau_k}-r_i(u))N_{i,k}N_{i,k}^{\mathrm{T}}\right\}\xi+O_p(\delta_n)\\
&:=\frac{1}{2\theta}\xi^{\mathrm{T}}S_n(u)\xi+O_p(\delta_n)。
\end{aligned}
$$

进一步，可证明 $\mathbb{E}\{S_n(u)\} = f_U(u)S(u) + O(h^2)$，其中 $S(u) = \mathrm{diag}(S_1(u), c\mu_2 S_2(u))$，$S_2(u) = \mathbb{E}\{(1,X^{\mathrm{T}})^{\mathrm{T}}(1,X^{\mathrm{T}}) \mid U = u\}$，$c_{\tau_k} = F_\varepsilon^{-1}(\tau_k)$，

$$S_1(u) = \mathbb{E}\left\{\left(\begin{matrix} C & \boldsymbol{c}X^{\mathrm{T}} \\ X^{\mathrm{T}}\boldsymbol{c} & cXX^{\mathrm{T}} \end{matrix}\right) \middle| U = u\right\},$$

C 是一个 $q \times q$ 对角阵且 $C_{jj} = f_\varepsilon(c_{\tau_j})$，$\boldsymbol{c} = (f_\varepsilon(c_{\tau_1}),\cdots,f_\varepsilon(c_{\tau_q}))^{\mathrm{T}}$，$c = \sum_{k=1}^{q} f_\varepsilon(c_{\tau_k})$。

类似地，可得 $\mathrm{Var}[\widetilde{B}_{n,k}(\xi)] = o(1)$，则 $\widetilde{B}_{n,k}(\xi) = \dfrac{1}{2}\xi^{\mathrm{T}}\dfrac{f_U(u)}{\theta}S(u)\xi + O_p(\delta_n)$。由 Liang 和 Baek(2016)中的引理 5.2，有

$$\sup_y \mid G_n(y) - G(y) \mid = O_p(n^{-1/2})。\tag{5.3.1}$$

通过计算，可得

$$\mid B_{n,k}(\xi) - \widetilde{B}_{n,k}(\xi) \mid = O_p(h^{\frac{1}{2}}) = o_p(1)。\tag{5.3.2}$$

因此

$$\begin{aligned} Q_n(\xi) &= W_{n,k}^{\mathrm{T}}(u)\xi + E[\widetilde{B}_{n,k}(\xi)] + O_p(\delta_n) \\ &= W_{n,k}^{\mathrm{T}}(u)\xi + \frac{1}{2}\xi^{\mathrm{T}}\frac{f_U(u)}{\theta}S(u)\xi + O_p(\delta_n + h^2)。\end{aligned}$$

根据引理 5.3.2，$Q_n(\xi)$ 的最小值可被表示为

$$\hat{\xi} = -\theta f_U^{-1}(u)S^{-1}(u)W_{n,k}(u) + o_p(1)。\tag{5.3.3}$$

因此

$$\sqrt{nh}\left(\begin{matrix} \hat{a}_{0,1} - \alpha_0(u) - c_{\tau_1} \\ \vdots \\ \hat{a}_{0,q} - \alpha_0(u) - c_{\tau_q} \\ \hat{a} - \alpha(u) \end{matrix}\right) = -\theta f_U^{-1}(u)S_1^{-1}(u)W_{n,k}^{*}(u) + o_p(1),\tag{5.3.4}$$

其中 $W_{n,k}^{*}(u) = \dfrac{1}{\sqrt{nh}}\sum_{k=1}^{q}\sum_{i=1}^{n}\dfrac{K_i(u)}{G_n(Y_i)}\eta_{i,k}^{*}(e_k^{\mathrm{T}}, X_i^{\mathrm{T}})^{\mathrm{T}}$。

记

$$\widetilde{W}^*_{n,k}(u)=\frac{1}{\sqrt{nh}}\sum_{k=1}^{q}\sum_{i=1}^{n}\frac{K_i(u)}{G(Y_i)}\eta_{i,k}(e_k^{\mathrm{T}},X_i^{\mathrm{T}})^{\mathrm{T}}:=(w_{11},\cdots,w_{1q},w_{21})^{\mathrm{T}},$$

其中

$$w_{1k}=(nh)^{-1/2}\sum_{i=1}^{n}\frac{K_i(u)}{G(Y_i)}\eta_{i,k},k=1,\cdots,q,$$

$$w_{21}=(nh)^{-1/2}\sum_{k=1}^{q}\sum_{i=1}^{n}\frac{K_i(u)}{G(Y_i)}\eta_{i,k}X_i。$$

注意到 $\mathrm{Cov}(\eta_{i,k},\eta_{i,k'})=\tau_{kk'}=\tau_k\wedge\tau_{k'}-\tau_k\tau_{k'}$，当 $i\neq j$ 时，$\mathrm{Cov}(\eta_{i,k},\eta_{j,k'})=0$，则

$$\begin{aligned}E(w_{1k})&=\frac{1}{\sqrt{nh}}\sum_{i=1}^{n}E\left\{\frac{K_i(u)}{G(Y_i)}\eta_{i,k}\right\}\\&=\frac{1}{\theta\sqrt{nh}}\sum_{i=1}^{n}\mathbb{E}[K_i(u)\mathbb{E}\{(I(\varepsilon_i\leqslant c_{\tau_k})-\tau_k)\mid U\}]\\&=\frac{1}{\theta\sqrt{nh}}\sum_{i=1}^{n}\mathbb{E}[K_i(u)\{F_{\varepsilon_i}(c_{\tau_k})-\tau_k\}]=0。\end{aligned}$$

类似地，我们可得 $E(w_{21})=0$。另一方面，

$$\begin{aligned}&\mathrm{Cov}(w_{1,k},w_{1,k'})\\&=E(w_{1,k}w_{1,k'})=\frac{1}{nh}\sum_{i=1}^{n}E\left\{\frac{K_i^2(u)}{G^2(Y_i)}\eta_{i,k}\eta_{i,k'}\right\}\\&=\frac{1}{h}\iiint\frac{K^2\left(\frac{\mu-u}{h}\right)}{G^2(y)}\{I(y\leqslant\alpha_0(\mu)+x^{\mathrm{T}}\alpha(\mu)+c_{\tau_k})-\tau_k\}\\&\quad\{I(y\leqslant\alpha_0(\mu)+x^{\mathrm{T}}\alpha(\mu)+c_{k'})-\tau_{k'}\}f^*(\mu,x,y)\mathrm{d}\mu\mathrm{d}x\mathrm{d}y\\&=\frac{1}{\theta h}\iiint\frac{K^2\left(\frac{\mu-u}{h}\right)}{G(y)}\{I(y\leqslant\alpha_0(\mu)+x^{\mathrm{T}}\alpha(\mu)+c_{\tau_k})-\tau_k\}\{I(y\leqslant\alpha_0(\mu)\\&\quad+x^{\mathrm{T}}\alpha(\mu)+c_{\tau\kappa'})-\tau\kappa'\}f(\mu,x,y)\mathrm{d}\mu\mathrm{d}x\mathrm{d}y\\&=\frac{1}{\theta h}\iiint\frac{K^2(\frac{\mu-u}{h})f(\mu,x,y)}{G(y)}\{I(y\leqslant\alpha_0(\mu)+x^{\mathrm{T}}\alpha(\mu)+c_{\tau_k}\wedge c_{\tau\kappa'})-\end{aligned}$$

$\tau_k I(y \leqslant \alpha_0(\mu) + x^{\mathrm{T}}\alpha(\mu) + c_{\tau\kappa'}) - \tau_{\kappa'} I(y \leqslant \alpha_0(\mu) + x^{\mathrm{T}}\alpha(\mu) + c_k)$

$+ \tau_k \tau_{\kappa'}\} \mathrm{d}\mu \mathrm{d}x \mathrm{d}y$

$$\to \frac{1}{\theta}\iiint \frac{K^2(t) f(u,x,y)}{G(y)}\{I(y \leqslant \alpha_0(u) + x^{\mathrm{T}}\alpha(u) + c_{\tau_k} \wedge c_{\tau_{k'}}) - \tau_k I(y \leqslant$$

$$\alpha_0(u) + x^{\mathrm{T}}\alpha(u) + c_{\tau_{\kappa'}}) - \tau_{\kappa'} I(y \leqslant \alpha_0(u) + x^{\mathrm{T}}\alpha(u) + c_k) + \tau_k \tau_{k'}\} \mathrm{d}x \mathrm{d}t \mathrm{d}y$$

$$= \frac{\nu_0 f_U(u)}{\theta}\lambda_{kk'}^{0}(u) := \frac{\nu_0 f_U(u)}{\theta} A_{11}(u)。$$

类似可得

$$\mathrm{Cov}(w_{1k}, w_{21}) = \frac{\nu_0 f_U(u)}{\theta}\sum_{k'=1}^{q}\lambda_{kk'}^{1}(u) := \frac{\nu_0 f_U(u)}{\theta} A_{12}(u),$$

$$\mathrm{Var}(w_{21}) = \frac{\nu_0 f_U(u)}{\theta}\sum_{k=1}^{q}\sum_{k'=1}^{q}\lambda_{kk'}^{2}(u) := \frac{\nu_0 f_U(u)}{\theta} A_{22}(u)。$$

由 Cramér-Wald 定理和中心极限定理，有

$$\widetilde{W}_{n,k}^{*}(u) \xrightarrow{d} N\left\{0, \frac{\nu_0 f_U(u)}{\theta} A(u)\right\}。$$

定义

$$\overline{W}_{n,k}^{*}(u) = \frac{1}{\sqrt{nh}}\sum_{k=1}^{q}\sum_{i=1}^{n}\frac{K_i(u)}{G(Y_i)}\eta_{i,k}^{*}(e_k^{\mathrm{T}}, X_i^{\mathrm{T}})^{\mathrm{T}} := (\bar{w}_{11}, \cdots, \bar{w}_{1q}, \bar{w}_{21})^{\mathrm{T}},$$

其中 $\bar{w}_{1k} = \frac{1}{\sqrt{nh}}\sum_{i=1}^{n}\frac{K_i(u)}{G(Y_i)}\eta_{i,k}^{*}, k = 1, \cdots, q, \bar{w}_{21} = \frac{1}{\sqrt{nh}}\sum_{k=1}^{q}\sum_{i=1}^{n}\frac{K_i(u)}{G(Y_i)}\eta_{i,k}^{*} X_i$。

通过计算，可得

$$\mathrm{Var}(\bar{w}_{1k} - \tilde{w}_{1k}) \leqslant \frac{C_0}{\theta G(a_F) nh}\sum_{i=1}^{n}\mathbb{E}\{K_i^2(u)(\eta_{i,k}^{*} - \eta_{i,k})^2\} = o(1),$$

$$\mathrm{Var}(\bar{w}_{21} - \tilde{w}_{21}) = o(1),$$

因此 $\mathrm{Var}\{\overline{W}_{n,k}^{*}(u) - \widetilde{W}_{n,k}^{*}(u)\} = o(1)$。由 Slutsky's 定理，可得

$$\overline{W}_{n,k}^{*}(u) - E\{\overline{W}_{n,k}^{*}(u)\} \xrightarrow{d} N\left\{0, \frac{\nu_0 f_U(u)}{\theta} A(u)\right\}。 \quad (5.3.5)$$

注意到

$$W_{n,k}^*(u)=W_{n,k}^*(u)-\overline{W}_{n,k}^*(u)+[\overline{W}_{n,k}^*(u)-E\{\overline{W}_{n,k}^*(u)\}]+E\{\overline{W}_{n,k}^*(u)\},\tag{5.3.6}$$

和(5.3.2)的证明类似，有 $W_{n,k}^*(u)-\overline{W}_{n,k}^*(u)=o_p(1)$ 。因此，

$$W_{n,k}^*(u)-E\{\overline{W}_{n,k}^*(u)\}=\overline{W}_{n,k}^*(u)-E\{\overline{W}_{n,k}^*(u)\}+o_p(1)。\tag{5.3.7}$$

接下来，计算 $\overline{W}_{n,k}^*(u)$ 的均值。事实上，

$$\frac{1}{\sqrt{nh}}E(\overline{W}_{n,k}^*(u))\tag{5.3.8}$$

$$=\frac{1}{nh}E\left\{\sum_{k=1}^{q}\sum_{i=1}^{n}\frac{K_i(u)}{G(Y_i)}\eta_{i,k}^*(e_k^{\mathrm{T}},X_i^{\mathrm{T}})^{\mathrm{T}}\right\}$$

$$=\frac{1}{nh\theta}\sum_{k=1}^{q}\sum_{i=1}^{n}\mathbb{E}[K_i(u)\mathbb{E}\{(I(\varepsilon_i-c_{\tau_k}+r_i(u)\leqslant 0)-\tau_k)\mid U,X\}(e_k^{\mathrm{T}},X_i^{\mathrm{T}})^{\mathrm{T}}]$$

$$=\frac{1}{nh\theta}\sum_{k=1}^{q}\sum_{i=1}^{n}\mathbb{E}[K_i(u)\{F_\varepsilon(c_{\tau_k}-r_i(u))-F_\varepsilon(c_{\tau_k})\}(e_k^{\mathrm{T}},X_i^{\mathrm{T}})^{\mathrm{T}}]$$

$$=-\frac{1}{nh\theta}\sum_{k=1}^{q}\sum_{i=1}^{n}\mathbb{E}\{K_i(u)f_\varepsilon(c_{\tau_k})r_i(u)(1+o(1))(e_k^{\mathrm{T}},X_i^{\mathrm{T}})^{\mathrm{T}}\}$$

$$=-\frac{\mu_2h^2}{2\theta}f_U(u)S_1(u)\begin{pmatrix}\alpha''_0(u)\\ \alpha''(u)\end{pmatrix}+o_p(h^2)。\tag{5.3.9}$$

结合(5.3.4)—(5.3.8)，可得定理5.1.2。

本章是在随机截断数据下研究变系数模型的统计推断问题，未来可对随机性做进一步的探讨，而布朗运动代表了一种随机涨落现象，它的理论在很多领域有广泛运用，如现代资本市场理论认为证券期货价格具有随机性特征。将布朗运动与股票价格行为联系在一起，进而建立起维纳过程的数学模型是本世纪的一项具有重要意义的金融创新。不少学者在研究金融市场的股票价格时，发现它的运行并不遵循布朗运动，而是服从更为一般的分数布朗运动。分数布朗运动及其更为一般的高斯场有着丰富概率和几何性质(如 Chen 等(2018)、陈振龙和肖益民(2019)等)，它们的理论和方法广泛应用应用到金融市场的随机模型，深入研究这类随机模型的独特性质，具有十分重要的意义。

参考文献

[1] Andriyana Y, Gijbels I. Quantile regression in heteroscedastic varying coefficient models[J]. AStA Advances in Statistical Analysis, 2017, 101:151-176.

[2] Cai Z W, Fan J Q, Yao Q W. Functional-Coefficient Regression Models for Nonlinear Time Series[J]. Journal of the American Statistical Association, 2000, 95:941-956.

[3] Carroll R J, Ruppert D, Stefanski L A. Measurement Error in Nonlinear Models[M]. London: Chapman Hall, 1995.

[4] Chen L, Shi J. Empirical likelihood hypothesis test on mean with inequality constraints [J]. Science China Mathematics, 2011, 54: 1847-1857.

[5] Chen Z L, Sang L H, Hao X Z. Renormalized self-intersection local time of bifraetional Browmian motion [J]. Journal of inegualities and applications, 2018, 362:1-20.

[6] Chown J. Efficient estimation of the error distribution function in heteroskedastic nonparametric regression with missing data[J]. Statistics and Probability Letters, 2016, 117:31-39.

[7] Cotos-Yáñez T R, Pérez-González A, González-Manteiga W. Model checks for nonparametric regression with missing data: a comparative study[J]. Journal of Statistical Computation and Simulation, 2016, 86:3188-3204.

[8] De Nadai M, Lewbel A. Nonparametric errors in variables models with measurement errors on both sides of the equation[J]. Journal of Econometrics, 2016, 191: 19-32.

[9] El Barmi H. Empirical likelihood ratio test for or against a set of inequality constraints[J]. Journal of Statistical Planning and Inference, 1996, 55:191-204.

[10] Engle R F, Granger C W J, Rice J, et al. Semiparametric estimates of the relation between weather and electricity sales[J]. Journal of the American Statistical Association, 1986, 81:310-320.

[11] Fan G L, Liang H Y, Shen Y. Penalized empirical likelihood for high-dimensional partially linear varying coefficient model with measurement errors[J]. Journal of Multivariate Analysis, 2016, 147:183-201.

[12] Fan G L, Liang H Y, Wang J F. Statistical inference for partially time-varying coefficient errors-in-variables models[J]. Journal of Statistical Planning and Inference, 2013(a), 142:505-519.

[13] Fan G L, Liang H Y, Wang J F. Empirical likelihood for heteroscedastic partially linear errors-in-variables model with-mixing errors[J]. Statistical Papers, 2013(b), 54:85-112.

[14] Fan G L, Xu H X, Liang H Y. Empirical likelihood inference for partially time-varying coefficient errors-in-variables models [J]. Electronic Journal of Statistics, 2012, 6:1040-1058.

[15] Fan J, Zhang W. Simultaneous confidence bands and hypothesis testing in varying-coefficient models [J]. Scandinavian Journal of Statistics, 2000, 27:715-731.

[16] Fan J Q, Huang T. Profile likelihood inferences on semiparametric varying-coefficient partially linear models[J]. Bernoulli,

2005, 11:1031-1057.

[17] Fan J Q, Li R Z. Variable selection via nonconcave penalized likelihood and its oracle properties[J]. Journal of the American Statistical Association, 2001, 96:1348-1360.

[18] Feng S Y, Xue L G. Bias-corrected statistical inference for partially linear varying coefficient errors-in-variables models with restricted condition [J]. Annals of the Institute of Statistical Mathematics, 2014, 66:121-140.

[19] Fuller W A. Measurement Error Models[M]. New York: Wiley, 1987.

[20] Geyer C J. On the asymptotics of constrained M-estimation[J]. The Annals of Statistics, 1994, 22:1993-2010.

[21] Guo J, Tian M Z, Zhu K. New efficient and robust estimation in varying-coefficient models with heteroscedasticity[J]. Statistica Sinica, 2012, 22:1075-1101.

[22] Guessoum Z, Hamrani F. Convergence rate of the kernel regression estimator for associated and truncated data[J]. Journal of Nonparametric Statistics, 2017, 29:425-446.

[23] Güeler U, Stute W, Wang J L. Weak and strong representations for randomly truncated data with applications [J]. Statistics and Probability Letters, 1993, 17:139-148.

[24] Hall P. The Bootstrap and Edgeworth Expansion[M]. New York: Springer, 1992.

[25] Hall P, La Scala B. Methodology and algorithms of empirical likelihood[J]. International Statistical Review, 1990, 58:109-127.

[26] Hammer S M, Katzenstein D A, Hughes M D, et al. A trial comparing nucleotide monotherapy with combined therapy in HIV-

infected adults With CD4 cell counts from 200 to 500 per cubic millimeter [J]. New England Journal of Medicine, 1996, 335:1081-1090.

[27] Härdle W, Mammen E. Comparing nonparametric versus parametric regression fits [J]. The Annals of Statistics, 1993, 21: 1926-1947.

[28] Hastie T, Tibshirani R. Varying-coefficient models[J]. Journal of the Royal Statistical Society B, 1993, 55:757-796.

[29] He S Y, Yang G L. Estimation of the truncation probability in the random truncation model [J]. The Annals of Statistics, 1998, 26: 1011-1027.

[30] He S Y, Yang G L. Estimation of regression parameters with left truncated data [J]. Journal of Statistical Planning and Inference, 2003, 117:99-122.

[31] Honda T. Quantile regression in varying coefficient models[J]. Journal of Statistical Planning and Inference, 2004, 121:113-125.

[32] Hu Z H, Follmann D A, Qin J. Semiparametric dimension reduction estimation for mean response with missing data[J]. Biometrika, 2010, 97:305-319.

[33] Huang Y, Wang C Y. Cox Regression with accurate covariates unascertainable: a nonparametric-correction approach[J]. Journal of the American Statistical Association, 2000, 95:1209-1219.

[34] Huang Y, Wang C Y. Consistent functional methods for logistic regression with errors in covariates[J]. Journal of the American Statistical Association, 2001, 96:1469-1482.

[35] Jiang R, Qian W M, Zhou Z G. Variable selection and coefficient estimation via composite quantile regression with randomly censored data[J]. Statistics and Probability Letters, 2012, 82:308-317.

[36] Jiang R, Zhou Z G, Qian W M, et al. Two step composite quantile regression for single-index models[J]. Computational Statistics and Data Analysis, 2013, 64:180-191.

[37] Jiang R, Qian W M, Zhou Z G. Weighted composite quantile regression for single-index models[J]. Journal of Multivariate Analysis, 2016, 148:34-48.

[38] Kai B, Li R Z, Zou H. Local composite quantile regression smoothing: an efficient and safe alternative to local polynomial regression [J]. Journal of the Royal Statistical Society B, 2010, 72:49-69.

[39] Kai B, Li R Z, Zou H. New efficient estimation and variable selection methods for semiparametric varying-coefficient partially linear models[J]. The Annals of Statistics, 2011, 39:305-332.

[40] Kim M O. Quantile regression with varying coeffcients[J]. The Annals of Statistics, 2007, 35:92-108.

[41] Klein J P, Moeschberger M L. Survival Analysis: Techniques for Censored and Truncated Data[M], New York: Springer, 2003.

[42] Knight K. Limiting distributions for regression estimators under general conditions[J]. The Annals of Statistics, 1998, 26:755-770.

[43] Koenker R, Bassett G. Regression quantiles[J]. Econometrica, 1978, 46:33-50.

[44] Koenker R. Econometric Society Monographs: Quantile Regression[M]. Cambridge: Cambridge Press, 2005.

[45] Lemdani M, Ould-Said E, Poulin P. Asymptotic properties of a conditional quantile estimator with randomly truncated data[J]. Journal of Multivariate Analysis, 2009, 100:546-559.

[46] Liang H, Härdle W, Carroll R J. Estimation in a semiparametric partially linear errors-in-variables model[J]. The Annals

of Statistics, 1999, 27:1519-1535.

[47] Liang H, Wang S, Robins J M, et al. Estimation in partially linear models with missing covariates [J]. Journal of the American Statistical Association, 2004, 99:357-367.

[48] Liang H Y, Baek J I. Asymptotic normality of conditional density estimation with left-truncated and dependent data[J]. Statistical Papers, 2016, 57:1-20.

[49] Liang H Y, Li D L, Qi Y C. Strong convergence in nonparametric regression with truncated dependent data[J]. Journal of Multivariate Analysis, 2009, 100:162-174.

[50] Liang H Y, Liu A A. Kernel estimation of conditional density with truncated, censored and dependent data[J]. Journal of Multivariate Analysis, 2013, 120:40-58.

[51] Liang H Y, Uńa-Álvarez J D. Empirical likelihood for conditional quantile with left-truncated and dependent data[J]. Annals of the Institute of Statistical Mathematics, 2012, 64:765-790.

[52] Little R J A, Rubin D B. Statistical Analysis with Missing Data [M]. New York: John Wiley, 1987.

[53] Luo S, Mei C, Zhang C Y. Smoothed empirical likelihood for quantile regression models with response data missing at random [J]. AStA Advances in Statistical Analysis, 2017, 101:95-116.

[54] Lv Y H, Zhang R Q, Zhao W H, et al. Quantile regression and variable selection for the single-index model [J]. Journal of Applied Statistics, 2014, 41:1565-1577.

[55] Lv Y H, Zhang R Q, Zhao W H, et al. Quantile regression and variable selection of partial linear single-index model[J]. Annals of the Institute of Statistical Mathematics, 2015, 67:375-409.

[56] Lynden-Bell D. A method of allowing for known observational selection in small samples applied to 3CR quasars[J]. Monthly Notices of the Royal Astronomical Society, 1971, 155:95-118.

[57] Mack Y P, Silverman B W. Weak and strong uniform consistency of kernel regression estimators[J]. Probability Theory and Related Fields, 1982, 61:405-415.

[58] Neocleous T, Portnoy S. Partially linear censored quantile regression[J]. Lifetime Data Analysis, 2009, 15:357-378.

[59] Niu C Z, Guo X, Xu W L, et al. Checking nonparametric component for partial linear regression model with missing response[J]. Journal of Statistical Planning and Inference, 2016, 168:1-19.

[60] Ould-Said E, Lemdani M. Asymptotic properties of a nonparametric regression function estimator with randomly truncated data [J]. Annals of the Institute of Statistical Mathematics, 2006, 58: 357-378.

[61] Owen A B. Empirical likelihood ratio confidence intervals for a single functional[J]. Biometrika, 1988, 75:237-249.

[62] Owen A B. Empirical likelihood confidence regions[J]. The Annals of Statistics, 1990, 18:90-120.

[63] Owen A B. Empirical likelihood for linear models[J]. The Annals of Statistics, 1991, 19:1725-1747.

[64] Qin J and Lawless J. Empirical Likelihood and General Estimating Equations[J]. The Annals of Statistics, 1994, 22:300-325.

[65] Qin Y S, Rao J N K, Ren Q S. Confidence intervals for marginal parameters under fractional linear regression imputation for missing data[J]. Journal of Multivariate Analysis, 2008, 99:1232-1259.

[66] Robins J M, Rotnizky A, Zhao L P. Estimation of regression

coefficients when some regressors are not always observed[J]. Journal of the American Statistical Association, 1994, 89:846-866.

[67] Rubin D B. Inference and Missing Data[J]. Biometrika, 1976, 63:581-592.

[68] Ruppert D, Wand M P, Carrall R J. Semiparametric Regression [M]. Cambridge: Cambridge University Press, 2003.

[69] Stute W, Wang J L. The central limit theorem under random truncation[J]. Bernoulli, 2008, 14:604-622.

[70] Sun Z H, Wang Q H, Dai P J. Model checking for partially linear models with missing responses at random [J]. Journal of Multivariate Analysis, 2009, 100:636-651.

[71] Sun Z H, Ye X, Sun L Q. Consistent test of error-in-variables partially linear model with auxiliary variables[J]. Journal of Multivariate Analysis, 2015, 141:118-131.

[72] Tang C Y, Qin Y S. An efficient empirical likelihood approach for estimating equations with missing data[J]. Biometrika, 2012, 99: 1001-1007.

[73] Wang J F, Liang H Y, Fan G L. Local polynomial quasi-likelihood regression with truncated and dependent data[J]. Statistics, 2013, 47:744-761.

[74] Wang M C, Iewell N P, Tsai W Y. Asymptotic Properties of the Product-limit Estimate under Random Truncation [J]. Annals of Statistics, 1986, 14:1597-1605.

[75] Wang Q H. Estimation of partial linear error-in-variables models with validation data[J]. Journal of Multivariate Analysis, 1999, 69:30-64.

[76] Wang Q H, Rao J N K. Empirical likelihood-based inference

under imputation for missing response data[J]. The Annals of Statistics, 2002, 30:896-924.

[77] Woodroofe W. newblock Estimation a distribution function with truncated data[J]. The Annals of Statistics, 1985, 13:163-177.

[78] Wu Y C, Liu Y F. Variable selection in quantile regression[J]. Statistica Sinica, 2009, 19:801-817.

[79] Xu H X, Fan G L, Liang H Y. Hypothesis test on response mean with inequality constraints under data missing when covariables are present[J]. Statistical Papers, 2017, 58:53-75.

[80] Xu, H. X., Fan, G. L., Chen, Z. L. Hypothesis tests in partial linear errors-in-variables models with missing response [J]. Statistics and Probability Letters, 2017, 126, 219-229.

[81] Xu, H. X., Chen Z. L., Wang J. F., Fan G. L. Quantile regression and variable selection for partially linear model with randomly truncated data[J]. Statistical Papers, 2019,60:1137-1160.

[82] Xu, H. X., Fan G. L., Chen Z. L., Wang J. F. Weighted quantile regression and testing for varying-coefficient models with randomly truncated data [J]. AStA-Advances in Statistical Analysis, 2018,102:565-588.

[83] Xu H X, Fan G L, Wu C X, Chen Z L. Statistical inference for varying-coefficient partially linear errors-in-variables models with missing data. Communications in Statistics-Theory and Methods, 2019, 48, 5621-5636.

[84] Xue L G. Empirical likelihood confidence intervals for response mean with data missing at random[J]. Scandinavian Journal of Statistics, 2009, 36:671-685.

[85] Xu W L, Guo X, Zhu L X. Goodness-of-fitting for partial linear

model with missing response at random[J]. Jonourl of Nonparametric Statistics, 2012, 24:103-118.

[86] Xu W L, Zhu L X. Testing the adequacy of varying coefficient models with missing responses at random[J]. Metrika, 2013, 76:53-69.

[87] Yang Y P, Li G R, Tong T J. Corrected empirical likelihood for a class of generalized linear measurement error models[J]. Science China. Mathematics, 2015, 58:1523-1536.

[88] You J H, Zhou Y, Chen G M. Corrected local polynomial estimation in varying-coefficient models with measurement errors[J]. The Canadian Journal of Statistics, 2006, 34:391-410.

[89] Yu K, Jones M C. Local linear quantile regression[J]. The American Statistical Association, 1998, 93:228-237.

[90] Yu K, Lu Y Z, Stander J. Quantile regression: applications and current research areas[J]. The Statistician, 2003, 52:331-350.

[91] Zhao H, Zhao P Y, Tang N S. Empirical likelihood inference for mean functionals with nonignorably missing response data [J]. Computational Statistics and Data Analysis, 2013, 66: 101-116.

[92] Zheng J X. A consistent test of functional form via nonparametric estimation techniques[J]. Journal of Econometrics, 1996, 75:263-289.

[93] Zhou W H. A weighted quantile regression for randomly truncated data[J]. Computational Statistics and Data Analysis, 2011, 55: 554-566.

[94] Zhu L X, Ng K W. Checking the adequacy of a partial linear model[J]. Statistica Sinica, 2003, 13:763-781.

[95] Zou Y Y, Liang H Y, Zhang J J. Nonlinear wavelet density estimation with data missing at random when covariates are present[J].

Metrika，2015，78:967-995.

[96] Zou H，Yuan M. Composite quantile regression and the oracle model selection theory [J]. The Annals of Statistics，2008，36：1108-1126.

[97] 陈振龙，肖益民.空间各向异性 Gauss 场的局部时和逆像集的维数[J]. 中国科学:数学，2019，49(11):1487-1500.

[98] 马慧娟，范彩云，周勇. 长度偏差右删失数据下分位数回归的估计方程方法[J]. 中国科学:数学，2015，45(12):1981-2000.

[99] 王江峰，田晓敏，张慧增，温利民. 左截断数据下非参数回归模型的复合分位数回归估计[J]. 高校应用数学学报，2015，30(1):71-83.

[100] 王启华. 经验似然统计推断方法[J]. 数学进展，2004，33(2)：141-151.